The Unique World

方寸

方寸之间　别有天地

人类世的遗产

FOOTPRINTS

IN SEARCH OF FUTURE FOSSILS

寻找
我们留给未来的
足迹化石

〔英〕大卫·法里尔——著

符夏怡——译

社会科学文献出版社
SOCIAL SCIENCES ACADEMIC PRESS (CHINA)

David Farrier

谨以此书

献给艾萨克和安妮

CONTENTS
目　录

引　言
晦暗未来的蛛丝马迹

英格兰东岸正缓缓重归海洋。每年，东安格利亚海岸线浅滩上的悬崖都会在海浪的拍击下后撤将近两米。这片被季节性风暴所啃噬的土地主要由冰碛构成，它们沉积成形于45万年前，当时的冰原一路延伸至英格兰南部；这段海岸线就如廉价的劣质墙体一般，极易被侵蚀并突然倒塌。1845年的一个晚上，一个农夫在诺福克的黑斯堡（Happisburgh）附近犁了12英亩地后上床休息，准备第二天一早在犁好的土地上播种。然而当他醒来时，这片土地却消失了。1953年，一场可怕的洪水夺走了300多人的生命，灾后当地建立了海防，但如今早已垮塌。曾经望不见海岸线的房子如今正挤在海边，业主们焦虑地看着海岸线渐渐逼近，一寸寸吞噬着他们精心打理的花园。偶尔，一幢房子会坠入海中。脚下的大地似乎带着最后期限，人们踏着的仿佛是借来的时光。

但是，海洋偶尔也会归还一些东西。2013年5月，春季里的一场暴风雨让黑斯堡泥质的浅滩上暴露出一组远古人类经过的足迹，这是除非洲以外发现的最古老的足迹。起伏不定的大海带走了朽坏不堪的战后防波堤后面的沙子，露出一段分层的淤泥，其中夹杂着几十个菱形的空隙。这些凹陷是85万年前一群早期人类留下的足迹化石。这群先驱正沿着一条古代河流的泥泞河岸前行。足迹大小各异，意味着这群人年龄不同，包括成年人与儿童，他们正向南方进发。当时，此处是一个河口，布满松树、云杉和桦树，其中夹杂着小片开阔的荒野与草地。从照片上看，这些足迹就仿佛记录了一间狂热舞厅地面上的步伐。密密麻麻的脚印讲述着日常生活的场景：成年人停下来安抚疲惫的孩子，或是回头警惕地平线上的捕食者；有人抬起手臂，可能是指示感兴趣的方向，也可能是轻拍肩膀安抚同伴。有些脚印保存极其完好，连脚趾的轮廓都根根分明。

　　这一小群原始人类就这样突然之间从历史中走出来，短暂地踏入现世。他们去时如来时一般匆忙：两周不到，海浪便冲刷掉了所有痕迹。

　　古代留下的印迹，如洞穴、小路和牙印，都被称作足迹化石。与变成化石的遗骸不同，它们讲述的是生者，而非死者的故事。虽无实体，它们却见证了已逝生命的体重、步态和生活习惯，讲述着古代生灵的故事。黑斯堡的脚印是一段偶然留下的记忆；他们来自何处，去往何方，我们无从得知。然而，这些印记却让我们见到了祖先令人着迷的一面，他们的过去轻轻擦过了我们的现在，他们踏入我们的时光，仿佛是在邀请我们踏上一段神秘之旅。即使只看现场照片，也会让人顿生离奇之感，仿佛留下脚印之人才刚刚离去，足迹依然无比新鲜，闪着水光，好像只要走快两步，我们就能追上他们。

与其他早期人类留下的痕迹相比，黑斯堡足迹相对还算年轻。已知最古老的原始人类印迹成形于 360 万年前，是在位于现坦桑尼亚的恩戈罗恩戈罗（Ngorongoro）保护区的利特里火山灰里发现的。这些印迹发现于 1976 年，被称作上新世"第一家庭"，如同弥尔顿笔下的亚当与夏娃，"手牵手，迈着踟蹰而缓慢的步伐"向前走去。当遥远的过去来到当下，常常会令人大吃一惊。利特里足迹被发现的契机，是玛丽·利基（Mary Leakey）带队的一群古人类学家在休息时互扔大象粪，其中一名兴奋的队员摔了一跤，才发现身下是古人类留下的脚印。

然而，最著名的足迹化石，至少是在西方人想象中印象最为深刻的那一个，实际上却从未真实存在过：

那天中午，我正朝我的船走去，万分惊讶地发现海岸上有一个人的光脚脚印，在沙里十分显眼：我如遭雷击，站在原地，仿佛看见一个人凭空出现又消失一般；我侧耳倾听，四处张望；我什么也没听见，什么也没看见……那就是一个脚印，有脚趾、脚跟，脚上的所有结构都完完整整；它是怎么出现在那儿的，我无从得知，也无法想象。

丹尼尔·笛福的《鲁滨孙漂流记》出版于 1719 年，有时被认为是第一部现代小说。其中最具代表性的一幕，便是主人公发现了这个孤零零的脚印。罗伯特·路易斯·史蒂文森（Robert Louis Stevenson）认为这段情节足以位列文学四大代表性场景，比任何场景都更加"深刻地永远地印在了人们的脑海之中"。星期五那超乎常理的脚印把鲁滨孙吓坏了：怎么会只有一只脚印，孤零零地印在本应空无一物的沙滩上？在荒岛上苦熬了一段孤寂时光后，如今他突然处处都能看见人类的踪迹，"每一丛灌木和每一棵树，每一声遥远的闷响，都仿佛是人类的痕迹"。

星期五脚印和早期人类足迹被发现的故事能够如此激发我们的想象力，是因为我们都有过类似的经历：忽然间觉得身旁似有隐形人相伴。虽然孤身一人，周围的空气却仿佛贴得更近了，又或是空房间里似乎还留存着刚离开的人的气味。

有人或有物已经离开了这里。

在《荒原》的末节，T. S. 艾略特从沙克尔顿的南极洲远征经历中获取了灵感。当时，远征队队员筋疲力尽，生出幻觉，点人数时总会多数一个。"当我朝前望那白路，"诗中许许多多不存在实体的视角之一抱怨道，"你身边总有人相伴。"最近有人提出，利特里足迹所记录的场景与最初的理论不符，并非两人并肩而行，而是好几个在不同时期留下的独立足迹恰好叠在了一起。全新的高分辨率摄像技术显示，还存在第三人的脚印，只是被另外两人的脚印踩得模糊了。第三人似乎更偏好用左脚，而且当时可能受了伤。无论他们当时正向何处去，后来必定没有原路返回：我们没有找到回程的脚印。

当一组足迹从过去走出，另一组也踏进了未来。2013 年 5 月，黑斯堡足迹发现当月，夏威夷莫纳罗亚（Mauna Loa）天文台的气候学家宣布，大气中的二氧化碳浓度在人类史上第一次达到了 400ppm[①]。

80 万年以来，从淤泥记录下黑斯堡足迹时到 19 世纪中期，随着地球从冰期转向间冰期，大气二氧化碳浓度一直在 180ppm 和 280ppm 之间浮动。二氧化碳浓度上一次超过

---

① parts per million 的缩写，即百万分之一。——译注（本书中所有脚注皆为译注，后不再标识）

280ppm，还是在 380 万年前的上新世中期。利特里足迹便是在那时留下的，当时，我们最古老的祖先才刚刚开始走上和猿类不同的道路。那个世界与我们所熟悉的世界有许多相似之处：各大洲的位置与现在基本一致，其上分布的大部分动植物也与现在种类相同，大陆之间的海洋里游弋着与如今种类一致的鱼群。然而，当时的海平面比现在要高 10 米，而全球平均温度则比现在要高 3℃。

如果上新世与我们现在所熟悉的世界相似，那么它或许可以用来预测我们世界未来的样子。一些科学家把上新世中期当作"古实验室"，借以理解若未来气温继续上升，我们将要面对的艰难险阻。如今的全球平均气温已经比 1850 年代高 1℃，到 21 世纪中期，这个数字将上升到 1.5℃，让我们走到新世界的转折点，而这个新世界与现代人类进化时所居住的世界将截然不同。如今，干旱、洪水、野火与风暴愈发频现于世界各地，带来了种种致命后果。然而，如果平均气温上升 1.5℃，我们可能需要迅速学会如何在一个无比陌生的星球上生活：庄稼不再如以往一样生长，近赤道城市可能变得不宜居住，低地岛屿和国家将沉入海中。或许，在我们踏过界限后，地球上 1/5 的生态系统将发生翻天覆地的变化，但还有比这更大的危机：这可能导致北极永久冻土发生不可逆的融化，释放出大量温室气体，足以引起灭世之灾，让我们在几个世纪内就回到上新世时期的气候状态。

然而，又一个上新世的来临尚且未成定局。我们的未来仍有其他可能。即使如此，木已成舟的种种改变所带来的迹象俯拾皆是，遥远未来里的所有子孙后代都能清楚地看见。从工业革命的火炉和第一台内燃机里排出的二氧化碳，虽肉眼不可见，但如今大部分仍在我们头顶循环。化石燃料燃烧所产生的独特同位素如孢子一般散落在全球，在冰川和湖泊沉积物里层层叠加。即使我们可以立刻彻底不用化石燃料，但我们所产生的二氧化碳所留下的痕迹仍将存续到很久以后。芝加哥大学的气候学家大卫·阿彻（David Archer）估计，化石燃料燃烧的碳排放里，有高达 1/3 的部分将在大气中保留1000 年。1 万年后，这个比例将下降到 10%～15%，然而当人类活动所产生的大气碳排放含量下降到 7% 左右时将稳定下来，持续将近 10 万年，从而使下一个冰期推迟。我们所产生的碳排放物对气候的影响将会持续 50 万年。

如今，整个大气层都留下了我们行走的痕迹，如同一个广大的地球化学足迹化石，记录着我们所经历的旅行、所消耗的能量。当我们产生的最后一丝碳排放也从大气层中消失时，那将是人类存续并进化了整整四千代以后的未来。那时，语言和沟通将会变成我们无法理解的模样；公元 102000年的人们的所说所诉、所思所想，他们眼中的艺术与音乐，对今天的我们而言，可能都无法解读。人类的定义可能已经经历了我们所无法想象的改变，但当这些变化逐渐产生，我们的子孙后代与我们渐行渐远之时，就如艾略特诗中那鬼魅般的第三个角色一样，我们将依然伴随在他们左右。

莫纳罗亚的科学家所测量到的大气碳含量的剧烈上升，背后是我们所留下的不计其数的深刻印迹，从我们为寻找燃料或矿物而挖出的一条条地道，到将矿物和燃料从矿井运送到矿泵或工厂的硬化道路网。辨认我们所留下的碳足迹需要专业知识和设备，但从愈发频繁酷烈的极端气候事件中，我们已经可以窥见种种迹象。气候变化所造就的全新地貌将默默地成为见证。导致土地干涸的干旱或洪水肆虐的风暴将会留下各自的痕迹，生态系统将会变化或彻底崩溃，海平面上升将使临海城市崩溃失守。人类制造的碳排放其实大部分并不存在于大气中，而是被海洋吸收，而后者正逐渐酸化、变得温暖。这对于在海洋中生存或依赖其生存的一切都意味着严重的后果。

当意识到黑斯堡和夏威夷的发现之间那神秘的共性时，我既心潮澎湃，又毛骨悚然。这是因为它们之间相距如此漫长的时光，却拥有如此亲密的相似之处。就像鲁滨孙一般，黑斯堡足迹的"脚趾、脚跟，以及脚上的所有结构都完完整整"，这是一个活生生的人，能走，能怕，能爱，就如同我们一样。我在想，我们在大气中留下的"足迹"是否也能让后人产生这样的感慨呢？我们的子孙后代是否也会感受到过去向他们扑面而来，就如黑斯堡足迹被发现时那样，85万年被压缩到了短短几米之内？他们会不会像鲁滨孙那样，在发现我们仍然阴魂不散地陪伴在他们身边时，心中警钟大作？足迹已经成了形容人类在世界上留下的痕迹时最常用的比喻之一。我们被敦促着去考虑自己的生活方式在大气中留下的或深或浅的化学痕迹。我们的碳足迹标示着我们有多在意（或多不在意）自己行为的后果。有时，这个比喻是直截了当的，比如我们所熟知的那句标语，让背包客"只带走照片，只留下足迹"。然而，这句话还有一层隐含的意思：足迹是转瞬即逝的，只是一个暂时的痕迹，将很快被风雨抹平。这层含义掩盖了事实，实际上，我们留下的痕迹将维持很长一段时间。我们的足迹化石将会印刻在这颗星球的地理、化学和演化史中，某些痕迹即使对最遥远的子孙而言，都将依然清晰可辨。在我们回归沉寂多年后，它们将讲述20世纪末和21世纪初的生活。

我们只能猜测，多年以后，如果真有这么一天，会是什么人发现这些痕迹。或许，未来不再有人类，于是无人解读我们的足迹，但我们仍会在此，无处不在，时时刻刻，我们那令人震惊的挥霍浪费将留下足以存续几十万年，甚至几百万年的遗产。就如黑斯堡足迹一般，那看似转瞬即逝的痕迹昭示着最令人难以置信的时空穿梭之旅。我们正将自己化作鬼魂，一路萦绕到最遥远的未来。

我在爱丁堡大学教英语文学。2013 年初，离莫纳罗亚火山科学家做出声明和黑斯堡足迹被发现只有几个月，我正在教一门自然与场景的写作课程。从那时开始，我和我的学生在春季学期每周聚一次，围在小房间里的白金色油漆板书桌周围。桌子表面的触感不像松木，倒更像塑料。我们讨论爱德华·托马斯（Edward Thomas）、凯瑟琳·杰米（Kathleen Jamie）和 W. G. 塞巴尔德（W. G. Sebald）等作家的作品。房间一侧装满了窗户，窗外是索尔兹伯里（Salisbury）峭壁的风景，细致的粗玄岩悬崖如波浪般起伏，延绵到亚瑟王座山的山脚。爱丁堡的土地环绕着这座死火山，已超过千年。

我对"深时"①的痴迷始于我在索尔兹伯里峭壁掩映下所教授的这门课程。这峭壁如同庞大轮子的轮毂，既是在爱丁堡寻找方向的定位点，又是这座城市的象征。在环绕悬崖的道路上，朝南能看到彭特兰丘陵那动人心弦的山脊美景，朝西朝北，则是佐治亚风格的新城与福斯湾，再往远处看，便

---

① 深时（Deep Time），地质时间术语，18 世纪时由苏格兰地质学家詹姆斯·赫顿提出。

是法夫（Fife）的低矮丘陵。然而，这片峭壁在历史上占据着更为独特的位置。18 世纪，爱丁堡处于苏格兰启蒙运动这场非同寻常、如火如荼的智慧盛事的核心，而这片区域当时还是一片采石场。一位名叫詹姆斯·哈顿（James Hutton）的乡绅用这片峭壁演示他的理论，声称地底巨大的高热和压力抬升沉积岩，最后形成了山脉。他发现了一个拳头大的石头，外围的红色火成岩包着颜色较浅、年代远比外层古老的粗玄岩。如今，这块名为"哈顿截面"的样品证明了熔岩侵入较古老的沉积层的现象。哈顿的《地球理论》（*Theory of the Earth*）于 1788 年出版，是史上第一部想象了星球形成所需的极度漫长的时光的科学著作。

哈顿的观念与现在的地质学家有所差异：他把世界看作一个机器，永无止境地经历着抬升大地的沉积过程和降低大地的侵蚀过程。而现代地质学家认为，地球是由突发事件和可预测的进程共同塑造的，地质灾害，如火山活动的突然增加或彗星撞击，与哈顿所发现的规律周期具有同样的影响力。实际上，他对后世的贡献是给他人提供了思考的视野。他真正的革新在于彻底改变了我们看待周围世界的方式。这种视角以沙砾作为衡量单位，需要上亿年的时间，其时光之漫长，超越了此前所有人的想象。

面对"哈顿截面"，人类第一次想象"深时"，然而，这个词却不是哈顿的发明。奇妙的是，这个词被第一次提及，是对美妙的文字能够流传多久的思考。"一切作品都如播下的种子。"1832 年苏格兰博物学家托马斯·卡莱尔（Thomas Carlyle）在一篇探讨詹姆斯·博斯韦尔（James Boswell）的《塞缪尔·约翰逊传》（*The Life of Samuel Johnson*）的论文——他在文中推测詹姆斯·博斯韦尔的作品能够流芳百世——中写道："它自行成长、散布、自我播种，在这永无止境的轮回之中"——或重生之中——"它生活着、工作着。谁来估测它已然生发、正在生发且将持续到深时，不断生发的一切？"近 150 年后，这个词由美国散文家约翰·麦克菲（John McPhee）通过《盆地与山脉》（*Basin and Range*）推向了大众。这本书讲述的是美国西南部的风景。就如那激发了哈顿灵感的岩浆，哈顿对"深时"的想象也侵入了他之后的诗人与作家的思想。在丁尼生的《追思》（*In Memoriam*）中，我们能看到哈顿思想的痕迹（"山脉如同暗影，奔涌变化／从一种形态到另一种"）。在《咏大海》中，济慈想象海洋"涌入千岩万穴"，而雪莱则在《勃朗峰》中将冰蚀的缓慢暴力写作"废墟的浪潮"，创造出"阴森、创痛、四分五裂"的风景。有些人则认为，宗教信仰所提供的纽带废弛以后，是"深时"所提供的神秘感填补了它所留下的空白。"我们对地球所知甚少，"爱德华·托马斯写道，"何论宇宙；对时间所知甚少，何论永恒。"若没有哈顿对星球漫长年岁的洞见，查尔斯·达尔文可能就无从孕育他的进化论。在漫长"深时"的视角之中，最坚固的磐石就如蛋壳般脆弱，如流水般自由流淌。

我们从前将这颗星球看作一连串的水槽和龙头，这让我们永远关注当下，却遮蔽了我们也身在水流中的现实。地球漫长的脉动塑造着我们生命的弧光，但要看到这一点，是对我们日常想象力的莫大挑战。在很大程度上，"深时"是雪莱笔下"那古怪的睡眠，将一切包裹在它深深的永恒之中"。

1944年11月的一天，站在多塞特郡那白垩质地的高地上，爱尔兰作家约翰·斯图尔特·科利斯（John Stewart Collis）试图窥视帷幕的另一侧。"我将思想推着穿过无尽的时间深渊……"后来他写道。这超越了他能力的极限，但在某一短暂的瞬间，他的记忆中留下了时间展露真容的模样：

> 一次，在大西洋中，我凝望着天边，试着想象那后面的空间。有一瞬间，我真正瞥见了那片空间，以及其后面的另一片空间。或许，在那一秒，我看见了一亿年的真实模样。

在无边无际的海洋中，地球那真正古老洪荒的年岁在幻视的力量下展露了一瞬。古希腊修辞学将这种突然爆发的明悟称作 enargeia，用来描述讲者超越当下视角的能力：亚里士多德写道，enargeia 让人们"看见种种事件发生在当下，而不是听到仿佛发生在未来"。当科利斯试图让心灵之眼触及灰色地平线之后的空间时，看见的便是"深时"的 enargeia，并以一种不可思议的感官倾斜与大西洋的高低起伏同韵。我们也能拥有这样的视角，只要我们耐心且细心地观察，就能像雪莱那样，抓住"遥远世界的一瞥"。

或许，它并没有那么遥远。enargeia 所展露的事物并不总是容易面对——诗人爱丽丝·奥斯瓦尔德（Alice Oswald）将这个词翻译为"明亮而无法面对的现实"。2013 年 5 月达到峰顶后，全球大气中的二氧化碳浓度降至 400ppm 以下，但这只是暂时的。考虑到气候变化，今天大气中的二氧化碳浓度大约是 410ppm，并且以每年 2ppm 的幅度上升。澳大利亚国立大学的气候学家提出，人类活动使得地球系统的变化比自然速度加快了 170 倍。根据这一令人毛骨悚然的数据，大自然 1000 年才能产生的环境变化将会被压缩到 58 年，还不到人的一辈子。

一些地质学家认为，这一惊人的变化速度意味着现在是行星历史中的一个新阶段。100 多年间，规定地质年代顺序的国际年代地层表都把全新世放在最后，这段气候温和的时期始于 11700 年前，结束了上一次冰期，与此同时，人类社会开始发展。但在 2009 年，国际地层委员会委派了一群地质学家、生物学家、大气化学家、极地科学家、海洋科学家、人类学家和地球科学家研究是否应该更新地层表，以反映全新地质时期的发展，即人类世，人类的世代。人类世工作小组把工作重点放在寻找证据证明地球作为地质化学、沉积过程和生物过程互相影响的系统，已经发生了全面的变化。他们认为，决定性的证据是这一世代在地层记录中制造了一个明确的新层次。工作小组研究了人类所导致的侵蚀和沉积加速、主要化学物质循环的扰动（碳循环、氮循环和磷循环）、海平面大幅变化的可能性，以及人类活动对全球物种多样性及其分布的影响。他们调查了从核试验产生的人造放射性同位素到塑料垃圾的一系列合成物质在地层中留下明确信号的可能性。他们的结论是，这些变化和信号不仅已经存在且能够明确观察到，而且已经留下了永久的考古学和地层学记录。

在确定地质年代的分界时，地层学家会寻找符合条件的含有地质年代转换的证据的界址点，它在"深时"的黑暗背景之下闪闪发光。这种界址点有时被称作"金钉子"，并在岩石上嵌入一块青铜牌作为标记。然而，人类世工作小组所寻找的是永恒的 enargeia：不是过往世界的残余，而是新世界降临时那令人难以直面的耀眼光辉。地质学是门严谨的学科：许多从业者认为，在国际年代地层表里加入一个新类目，应该像在地层中形成新的一层一样耐心。但 2016 年，在开普敦举办的国际地质大会上，国际地层委员会的成员几乎一致通过表决，承认人类世已经是确实存在的地层现象，且与 20 世纪中期爆发性的技术革新和材料消费时间一致。人类世工作小组正在撰写提案，准备正式将人类世定义为全新的地质年代。

哈顿学会了从随处可见的岩石中读出深藏的过往，根据人类世工作小组的说法，我们现在甚至可以从最普通的人造物中读出遥远未来的面貌。人类世的证据在我们身边俯拾皆是，深深地嵌入了我们的生活。但为了看到这一点，我们必须直面自己所制造的未来那"耀目难当的现实"。

课堂上，峭壁黑沉沉地压在窗外，我们正忙于纸上的词句。整整 10 周，我和学生交流着彼此对不同作者描述自然界的文字的看法。我们间接地漫步于苏格兰的沼泽与英格兰的林间，即便只能在虚拟之中感受，也能跟随作者的脚步，从河流的源头一路走到海洋，穿过成片的冬季原野追踪一只猛禽。文学系的学生鲜少郊游，但仿佛是为了强调我们此前的所有旅行都是借了他人之手，在课程的尾声，我们终于走出了教室。3 月的一个周六早晨，我们登上前往丹巴的列车，拜访爱丁堡以东 50 公里的洛锡安海岸。

从火车站到巴恩斯灯塔来回只有 12 公里左右，沿路都是低矮多石的海滩。刚开始，徒步的路线是沿着小镇高尔夫球场收拾得十分规矩的植被边缘前行，走在专为行人开拓的细窄道路上。精心修剪的草坪与岸边堆积的海洋废料形成了鲜明的对比，绿意突兀地与满地石子的海岸撞在一起。然而，随着最后一个高尔夫球洞逐渐消失于不驯的野草丛中，一片远比先前复杂的景致在眼前浮现出来。

这着实是一片相当实用的景观，被 A1 公路灰色的分界线钉在一条窄窄的海岸线上，远处来往车流的窸窣轻响与叹息般的海浪交叉相闻。远处，海滩打了个弯，与高尔夫球场分离开来。那里有一幢现代的水泥建筑，旁边那巨大的露天矿坑是它进食的痕迹。水泥房子底下是一座年久失修的 19 世纪窑炉，这是当年人们用挖出来的煤炭和石灰石层层堆积起来，燃烧制造生石灰供附近农夫使用所留下的遗迹。窑炉已是危房，不能进人，用一圈铁丝网围了起来，并围了一圈的警告标志。这场景压在一条石灰石材质的小路上，150 年前，窑炉中燃烧的原料正是从此而来。与黑斯堡足迹一样，这里的大部分化石都是足迹化石。成千上万小小的、弯曲的管状痕迹散落在路面上，仿佛一根根通心粉。有一大片区域满布着几十个浅浅的坑痕，当时的苏格兰地区几乎位于赤道，这里曾是一片石炭纪森林，每个印迹都是一棵树。有些坑痕里满是煤层底板，在这化石化的湿地土壤中，你仍能看见古代树根的细微痕迹。

就如博物学家亚当·尼科尔森（Adam Nicolson）所说，从地质学的角度看，北欧这片土地仍然处于恢复期，冰期所带来的巨大创伤仍未消散。冰盖融化后，不列颠群岛一直在缓缓上升，这一过程叫作均衡隆升，就像在人起床后，失去压力的枕头恢复了原本的形状。就像苏格兰高地上那些曾比喜马拉雅山脉更高的山峰被磨蚀成小丘一样，小镇、公路、石灰窑炉和水泥房子都会在时光中消逝，直到被抹平所有痕迹。但在彻底消失以前，它们将在地球上留下不可磨灭的痕迹。水泥建筑记录着我们所制造的超高质量的混凝土，也记录了生产它的过程。人类移动土壤已有成千上万年的历史。据说，如果把迄今为止人类改变地表的所有证据都堆在一起，将堆成一座4千米高、4千米宽、100千米长的山。然而，到21世纪末，我们在150年间挖矿、建筑和修路时移动的石头和沉积物，总量将相当于人类在此前5000年所移动的量的总和。每年，我们所移动的岩石量都相当于1883年喀拉喀托（Krakatoa）火山大喷发的18000倍。至今，人类已经浇筑了将近5000亿吨的混凝土，足够在地球表面每平方米铺一层1公斤重的壳，其中一半的量都是在过去20年间产生的。

石灰石路以南几英里，坐落着托内斯核电站（Torness Nuclear Power Station）。未来，这座建筑所残留的所有痕迹，可能只剩下一片被辐射过的土地。然而，它所制造的废料，即使只算运行的前 30 多年间所产生的量，都将在全球留下痕迹。托内斯所处理的铀大部分来自澳大利亚，包括南澳奥林匹克坝这样的地下矿场，或是北领地兰杰（Ranger）这样的露天矿场，那是一个巨大的坑洞，如印加城市一般筑成阶梯状，上千万吨岩石从这里被运走。现在，托内斯用完的核燃料会被送往坎布里亚的塞拉菲尔德。这是英国最大的核设施，与核废料一起被送来这里的，还有全国 80% 的高放射性废物。核电站 1950 年代开始运行后所积攒的几千立方米废料现在依然储存在露天的混凝土储存池里。在 2014 年媒体曝光的照片上，有海鸥在池中洗澡。那些最古老的实验室，有些现已废弃，无人知晓里头存放着什么种类的致命材料，数量又有多少。现在，塞拉菲尔德接收的大部分废料都会经过无害化处理，但还会剩下大概 3% 难以处理的残余。由于没有一劳永逸的办法，这些废料将在 1200℃ 下与液态玻璃混合。冷却后，混合物将玻璃化，形成一块块辐射性玻璃。塞拉菲尔德存放的玻璃化废料装满了 6000 个钢制集装箱，就如一个个巨大的有毒白糖块。里头塞满的苦涩物质在几千年里都能置人于死地：许久以后，当我们已经变成虚无缥缈的传说时，这些物质仍然能够伤害到那时的人们。

这片海滩上还有些更普通的东西，它们同样能留存到遥远得令人惊讶的未来。出游时，我们都会打包午餐，其中很多都是铝箔或塑料薄膜包裹的三明治。我们勤勤恳恳地收好垃圾，扔到最近的垃圾桶里。最后，爱丁堡家庭的绝大部分垃圾都会来到这片海滩的不远处，被扔在一座黏土和塑料建造的垃圾填埋场里。大部分现代填埋场都是这样建造的，隔绝空气和水，避免有毒物质渗入地下水，相当于把里头填埋的东西包成了木乃伊。1970 年代，人类学家威廉·拉什杰（William Rathje）对填埋场的内部情况产生了兴趣。他花了20 年挖掘亚利桑那州图森市的垃圾场，找到了20 年前的热狗、25 年前完好得还能上架售卖的卷心菜，他还找到了一罐 1980 年代中期的鳄梨酱，旁边一起被埋的还有一份 1967 年的报纸，但那罐果酱看上去完全能吃。如果食物都能在 20 世纪中期的填埋场保存十几年，那现代填埋场里那些更耐久的材料，比如塑料和铝箔，必然能保存更长时间。

20 世纪中期至今，我们制造了 5 亿吨的铝箔，这些铝箔足以将整个美国包裹起来。每年，几百万吨塑料进入海洋，其中大部分会沉积到海床上，堆进沉积物里，变成地质层里的一个层级，成为永恒，直到高热和高压把它们变回石油，或者抬升隆起，然后被侵蚀。这些过程需要几千万年才能完成。连我们三明治里的东西都能够讲述自己的故事。每年，60 亿只鸡被宰杀供人类食用；未来，化石化的鸡骨头将会遍布每一片大陆，作为地质学记录中人类食欲入侵的证据。这些最为普通、最为熟悉的事物，都有可能成为新的化石，将人类世的隐私展现眼前。

我们将坐火车返回爱丁堡。我们虽然离开了这片海滩，但它将记住我们。

在本书中，我试着探索在遥远的未来，我们将以什么样的方式被铭记。人类调整地表和改变生态系统已有几千年之久，但自工业革命以来，我们（主要在北半球）造成了种种改变，使用了更加耐用的材料，改变发生的速度远超从前，同时，又有了种种发明。这一切所留下的印记将会超过人类在过去所生产的一切。在搜寻未来化石时，我将目光投向了空气、海洋和岩石，从南极洲中心的一小块冰，到芬兰基岩下深藏的放射性废料的坟墓。我挑出那些最能抵挡时间冲刷的事物，研究它们可能经历的种种变化：一个巨型城市如何变成地层中一层薄薄的混凝土、钢铁和玻璃的混合物；环绕地球的长达5000万公里的公路跨越千里，为我们的城市输送材料，它们未来又会变成什么模样；我还关注材料本身的故事，比如眼下正在全球海洋中四处流动的5万亿块塑料。

然而，我也在搜寻那些可能丢失的事物。随着生物多样性受损，寂静本身将成为信号，空白也是一种痕迹。漂白的珊瑚礁，正如我在澳大利亚看见的那些，将成为纪念这些损失的碑石；海洋死区，正如我在波罗的海所见的广袤缺氧水体，同样也是一种纪念碑。冰芯记录了惊人的气候历史信息，包括人类活动所造成的种种变化，然而随着冰层融化，这些信息也会随之损失，同时，冰层的流失将会在行星档案中写下新的一笔。还有像核废料这样危险而耐久的材料，我们希望能永远埋藏，彻底遗忘。我们还留下了许许多多确凿无疑的痕迹，在地表挖出的深坑、用垃圾囤积起来的巨大填埋场，这都将给我们不会看见的未来时代留下足迹。微生物左右着几乎所有关键的生物学过程和化学过程，使大气层充满对生命至关重要的氧气。然而，这一角色已经被褫夺了。在旅途的结尾，我将探索我们所留下的痕迹会如何在地球上某些最微小的生物的细胞中徘徊不去。

想象未来的化石，意味着看到人类世这耀眼而令人难以忍受的现实究竟揭示了什么；意味着以地质学家的目光看待一个城市，从工程师的角度考虑核废料的无害化问题；意味着去了解一块塑料垃圾背后的化学故事，去倾听崩溃的生态系统里那不断回荡的寂静之声。然而，这也让我一次又一次地回到我与学生说过的那些关键因素上：叙述、虚构、形象与隐喻。我想发掘那个我们离开后的世界，以及在那个世界里生活的人们将会如何看待我们。本书所讲述的是将在我们手中存活下来的一切，为此，我们既需要诗人，也需要古生物学家。在故事中，我们能够看到世界如今的模样，也能看到其他可能的样子；艺术能帮助我们想象自己与极远的未来之间是多么近。

我们已经知道，人类世关乎整个世界，但无须上下求索，就能找到它的证据。未来的化石就在我们身边，在家中、在公司，甚至在我们体内。因此，我的旅程就从爱丁堡开始，虽然途经许多极其遥远之处，但这条路总是一次次回到被我视同家园的北海。探索途中，我大部分时间都在悉尼一所大学做访问学者。这几乎是离苏格兰最远的地方，与我所熟悉的北国地域截然不同。有时，我不得不寻找特定地区，以进一步理解它们在未来足迹的行程中所扮演的角色：为了弄清城市如何变成化石，我去了上海，一座拥有 2400 万人口的城市，它被自己的巨大重量压沉，在不到 100 年间就沉降逾 2 米。然而，最令我感到震惊的是，未来化石几乎无处不在。我们的当下已经塞满了能够存续到遥远未来的各种物品。读到这一句时，你身边也很有可能围满了未来可能形成足迹化石的物品和材料。在随我踏上旅途前，请你从书页上抬起眼睛，想象一下，你身边的物品，笔记本电脑的塑料外壳和里头的钛金属零件，或是旁边那个咖啡杯，即使只剩下石头上的一个印子，也将会存在千百万年。

未来化石不只是一个遥远的可能性，只需交给地质过程去耐心成就，或是留给降生在未来的一代代人。每天，它们都成百上千次地触及我们的生活，只要我们愿意，就能从中看见自己的现在，以及自己本可能成为的样子。我们已经以一种发人深省的方式彻底改变了这个星球上支撑生命的系统。最脆弱的事物将受到最大的影响，而未来子孙要为此付出的代价，我们还无从计算。未来化石就是我们的遗产，是我们左右历史如何铭记我们的机会。它们将会记录，面对明确的未来威胁，我们究竟是要毫无顾忌，一意孤行，还是要认真对待，改弦易辙？我们的足迹将向未来揭示我们曾经如何生活，透露我们所珍惜或忽视的事物、我们所踏足的旅程，以及我们所选定的方向。

CHAPTER

01
不知餍足的道路

　　它被包装成一次千载难逢的机会：在苏格兰最新的道路上横跨福斯湾两岸。

　　1964 年至今，该海湾的所有交通往来都汇聚于福斯路桥，上亿次南来北往的旅程都由它来承担。然而，这座老桥已经开始不堪重负，于是人们开始建造新桥。工程花了 6 年。我和家人见证了它不急不缓的建造过程，桥面一寸寸地在水面伸展，电缆的网络缓缓编织成形。在家附近的海滩上，我们看见高耸的桥塔逐渐落成在爱丁堡和南昆斯费里之间的山丘上，最后建造成桥梁。每次从城市出来，向西行驶，我的几个孩子都会讨论它的形状和大小又有了什么新变化。如今，它终于建设完成，向公众开放。作为庆祝，当地举行了一次投票，要选出 5 万人，走过这段 2.7 公里长、横跨海湾的道路。我们幸运地被选中了，于是，在 9 月一个金色的周六，我们启程出发，开始徒步之旅。这次以后，我们只能以 50 英里的时速经过这段路了。

我们赶上了大巴，前往 8 公里外的南昆斯费里，爱丁堡外环的一个工业园。沿着海湾向西前行，新桥便映入眼帘。远看，昆斯费里大桥是光与空气的奇迹，3 座纺锤似的高塔上伸出闪闪发光的白线，将桥面吊起。把桥系在一起的缆线就像一簇倒放的钢琴音板，而桥面如同竖琴琴颈一般上下起伏，形成和谐的曲线。"区区辛劳，如何竟使你谐唱的众弦齐布！"哈特·克兰（Hart Crane）对那座布鲁克林的著名大桥如此慨叹。我不由得联想，当北海的狂风卷过这海湾时，又会奏出怎样富有魔力的音乐。

大巴停在空荡荡的多车道公路上，不远处，大桥的南桥头凌驾于水面之上。我们汇入人群，朝着北边，一起缓缓走向法夫。当沥青在我的脚下嘎吱作响时，我从远处感受到的那轻灵的空气变得沉重。那些白色钢缆刚才看来还十分纤细，实际上却比我整个人还要粗。迷迷糊糊地一看，它们像是连成了一片白色的墙。路面坚硬，毫无摇晃，拳头一样的铆钉在一根根起伏不平的支柱和护栏上凸出来。实际上，满心轻快的是我自己。这条道路并不是为徒步行走而设计的，走在上面让我快活得飘飘然，仿佛走在水面之上，也意味着我们与周围空间的关系就此变得不同。同时，大桥的各种材质也无比独特，值得一看：钢缆那白色的光滑质感、车道隔墙那蓝绿色的光泽，以及路面那粗糙的颗粒感。这形成一种令人战栗的氛围、一种逾越的刺激。实际上，这次活动的组织和安保都是机场级别的：到达桥头前，我们被查了包，对了照片，还被严令不能逗留超过一个小时，否则可能会错过回程大巴。然而，有那么短短的、极富欺骗性的一瞬，我感觉我们重新夺回了道路的控制权。

真的，我们让步了太多。我们大部分人只在道路允许我们到达的地方生活和漫游，在它们的边缘行走，在它们不休止的喧嚣声中变成聋子。1849 年，拉尔夫·瓦尔多·爱默生（Ralph Waldo Emerson）哀叹道，人"将家园建在路上"，每天，人类都为自己打造一截道路，跟随它行走。然而，在这次旅途中，我们可以随心所欲地游荡，不再被道路限制；这里没有发动机的轰鸣低吼，耳闻之声轻灵丰富，充满了人语、笑声，以及几百人轻快的脚步声。人们建造这条新路来承载每年 2000 万次的车辆来往，看起来却更像来自工业革命前的往日时光，一条被行人徒步踏出的朝圣之路。它也像未来道路的幻影，当石油枯竭，引擎静默后，道路便是这个模样。

每座桥塔的底部都列着工程相关的数据和信息。这座桥远望像是漂浮在水面上，实际则被牢牢固定在大地之上。15 万吨混凝土和 3.5 万吨中国产钢铁从上海码头运到罗塞斯，用于工程建设；电缆用了 3.7 万千米，几乎能绕地球赤道一圈。在南桥塔底部，浇筑了史上最长的混凝土结构：将近 1.7 万立方米的混凝土日夜不停地浇筑在河基岩石上，持续了整整 15 天。为了建设与桥相连的道路，人们对现场进行了清理，发现了中石器时代的地穴房，这是在苏格兰发现的最古老的住所。当年的几个浅井如今只剩下地面上的一点痕迹，还有一些碳化的榛子壳以及烧焦骨头的碎片，这些一起在泥土里保存了 11000 年。然而，南桥塔下那一层层压进河床的混凝土，混合着粉碎的苏格兰花岗岩或英格兰石灰石，夹杂着来自印度或中国的沙子，将比古建筑留存得更久，成为未来地质学家百思不解的谜题。

从河面传来一声粗鲁的汽笛，穿过人们的话语声。桥下，一艘集装箱船从我们脚下驶过，从它所走的水路向我们鸣笛致意。

桥北，一小群人把一队摄影师团团围住。苏格兰首席大臣正在接受采访，我们在一旁等待，想找机会让孩子与她合影。当她们对着镜头微笑时，我看着道路向北方流淌，经过起起伏伏的车道与高速岔路。约 100 米外，粗玄岩材质的巨大悬崖吊在路东边。1880 年代，工程师在建造第一条横跨湾口的钢轨时，割开了平缓的地势，将数千年来不曾受风吹雨打的岩石暴露于阳光之下。他们劈开了石质的小山包，就像凿开一颗头骨。若我开车经过这座桥，可能只有几秒钟的机会注意到它。我的注意力会被车头下如灰色丝绸般滑过的沥青路面吸走，这庞大的岩石可能不过是余光之中的一个影子。然而，如今我得以驻足细看，这裸露的岩体仿佛将我从当下抓出，将我吸入，使我穿越、向下，进入更年轻的地球记忆之中。

在我背后，那团巨大的混凝土在河面下蛰伏，如恶龙守护黄金一般环绕着南桥塔底。当我凝望裸岩时，这座桥仿佛不再是连接河两岸的通道；在某一瞬间，它所横跨的是超越了我想象的过去与未来。

100 万年后，这座桥细窄的桥塔、闪闪发光的整齐钢缆与弧度优雅的桥面都早已磨灭。路面将被冲刷消失。然而，即使风霜与时光不断侵蚀，抹平悬崖，填满工程师劈开的缝隙，那混凝土底座与那劈裂的岩石将依然可见，深深地刻在大地之中，就像一句引言，内容已经散轶，只有双引号还留在原地，见证着许久前的曾经，这里有过一条路，跨过了一条在那时早已消失的河流。

据说，全世界最长的路是泛美公路。这张密集的州际公路网横跨 17 个国家，从阿拉斯加一直延伸至阿根廷底部，其中只在中美洲和南美洲之间被一条160公里长的热带雨林带断开。公路的最北端是普拉德霍湾，位于阿拉斯加的波弗特海，也是美国最大的油田所在地。贝瑞·罗培兹（Barry Lopez）写道，成千上万的油井刺穿了海湾，仿佛把得克萨斯西部搬一块到了北极冻原。由此处开始，公路画出了一条和缓的弧线，穿过阿拉斯加的布鲁克斯山脉，前往费尔班克斯，随后向南，来到育空后向东转，绕过加拿大落基山脉北端的尖角，抬头冲上亚伯达平原，围绕着阿萨巴斯卡的沥青砂，来到埃德蒙顿。在这里，道路岔向不同的方向。其中一条向东南延伸，触达五大湖区，随后调头，沿苏必利尔湖沿岸通往明尼阿波利斯、得梅因与堪萨斯州和俄克拉何马州的北美大平原诸城，随后通向达拉斯，穿过东得克萨斯的广袤油田。另一条路则取道西南，前往卡尔加里，横穿蒙大拿州的黑脚族、平头族与乌鸦族印第安保留地，随后通向怀俄明州与西科罗拉多州的新页岩气区块，而后是丹佛。越过阿尔伯克基后道路开始向东转弯，下行至西得克萨斯油田两翼之下，在圣安东尼奥市与另一分路相连，形成回环。

杰克·凯鲁亚克在《在路上》一书中描写的最后一段旅途就是沿着西侧道路从丹佛前往墨西哥，仿佛这是一段前往传说中的城市的魔力之旅。凯鲁亚克说它是最美妙的道路：无边无尽的"魔力南部"。在迪安·莫里亚蒂（Dean Moriarty）

的陪伴下，他驱车在得克萨斯跨越上千英里，经过无数个加油站，到达圣安东尼奥，然后折往南方，取道群山之隙，转向蒙特雷，穿过蒙特莫雷洛斯周围的沼泽与沙漠平原，来到他口中所有道路的尽头：墨西哥城。

1950 年的春天，由于身患热病，凯鲁亚克结束了旅途，拖着病体蹒跚着返回了纽约。然而，激发了他想象力的这条路却继续向南方延续。自墨西哥城始，它像沙砾穿过沙漏一般，通过中美洲和巴拿马之间细窄的通路，沿世纪大桥穿过海峡。从此处再往南 260 公里，道路中断了，这也是这条漫长道路上唯一一截短暂的断裂。截断道路的是达连地堑，一座雨林和山脉组成的屏障，在济慈的想象中，科尔特斯 ① 便是站在这里第一次看见太平洋，并被面前的景象深深打动。在哥伦比亚，道路再次开始延伸，在厄瓜多尔高原上蜿蜒，来到基多，拉戈阿格里奥和邦加拉亚库油田（Pungarayacu）的西面，并绕过亚马孙雨林的边缘。在这里，它钻入安第斯山脉垒土的背后，沿着太平洋海岸前行，越过利马周围拍岸的海浪与一座座油田，来到智利的瓦尔帕莱索，并猛然向东突进，沿着 60 号公路（穿过了横穿安第斯山脉、3000 米长的救世基督像隧道），来到布宜诺斯艾利斯那巴洛克式的平坦大路上。

---

① 　埃尔南·科尔特斯（Hernán Cortés），西班牙航海家、征服者。

道路的最后一段环绕太平洋海岸前行，最后终于火地岛（Tierra del Fuego）。布鲁斯·查特文 [1] 在《巴塔哥尼亚高原上》（*In Patagonia*）中描述了沿这段路旅行的经历。他在书中写道，此地得名于西班牙征服者看见当地印第安人那滚滚燃烧的篝火。查特文声称，麦哲伦给小岛取名为燃烟之地（Tierra del Humo），但神圣罗马帝国皇帝查理五世下令更名，理由是无火不成烟。查特文的旅途沿着阿根廷 3 号国道穿过火焰之地，在此燃烧的不再是麦哲伦的火焰，而是大西洋南部的石油钻井。最后，他来到了路的尽头乌斯怀亚，全世界最南端的城镇，而这里离这条路的开端已有 48000 公里。

　　现代道路连接着我们所创造的世界。据估计，全球共有超过 5000 万公里的道路，至少 1/3 是柏油路。这些硬化路面连接起来足以环绕地球 1300 圈。仅中国，就有超过 400 万公里的铺面道路。我们的未来化石所讲述的故事，一定程度上就是由这片路网所决定的。许多足迹化石都是活动的痕迹，详细记录着某个生物在多年以前经过了某个地点。这些道路虽然是机械造物，而非我们肉体留下的痕迹，但它们与足迹一样，足以透露许多信息。它所讲述的是大量物资的运输，从

---

① 布鲁斯·查特文（Bruce Chatwin），传奇旅行家，《巴塔哥尼亚高原上》是他的第一部作品。

一地移动到另一地并安定下来，就像昆斯费里大桥南桥塔底部的大型混凝土一般，被搬到了一个遥远的地方。然而这同时也是几个地区的故事，现代世界因它们才得以存在。这些地区资源枯竭，被荒废抛弃。在西方，它们显得无比遥远，实际上却与我们紧密相连。它还讲述了另一个故事，故事的"主人公"流过钻井、管道、发动机，促使我们不断延长道路，它便是石油。雷沙德·卡普钦斯基①写道："石油是个童话。"但卡普钦斯基同时也警告我们，就像所有童话一样，石油也是谎言。它承诺会带来解放，但实际上，石油将我们困在暗影之中。要读懂这个故事，我们不仅仅要明白道路本身会变成什么，还要知道它们将我们带向何方。光滑的柏油和混凝土路可能留不住脚印，然而，这条路本身仍会成为未来的化石。

不过，我们首先要处理视角的问题。

道路激发了我们对自由的想象。凯鲁亚克的旅行变成了一种精神的象征，代表着畅通无阻的进步和自我发现，蕴含着无尽潜力的广袤视野。道路变魔术一般营造了现代感。它们为我们把世界打开，但就如爱默生所言，它们也框定了我们

① 雷沙德·卡普钦斯基（Ryszard Kapuściński），波兰记者。

前行的方向。道路在我们的生活中如影随形：还有多少人会在离道路一百米开外，或是不闻车马之声的地方花时间？然而，我们已经把自己训练得忽视了这个事实。

1983年，《名利场》杂志委托艺术家大卫·霍克尼（David Hockney）为弗拉基米尔·纳博科夫写的旅行故事《洛丽塔》配图。1950年代，在采风并创作小说时，纳博科夫在美国各地来回折返，妻子薇拉负责开车，两人用24万公里的路程将东海岸与西海岸缝合在一起，旅行路线复杂得仿佛一块织锦。霍克尼自己的旅途始于4月，在暴风雨中穿越莫哈维沙漠（Mojave Deseve）。他的摄影主题难以捉摸，天气也不好。然而，第二天，断断续续赶了一段路，拍了几张照片后，霍克尼告诉司机，昨天驾车经过的那个十字路口或许可以拍到不错的作品。回去的路花了些时间，但他们最后还是找到了那个路口。霍克尼在那儿拍了8天，从中诞生出了20世纪最具标志性的道路影像。

《梨花高速公路》（*Pearblossom Hwy.,11-18th April 1986, #2*）是欺骗观众的陷阱。这张图片是由几百张照片拼贴而成的，描绘了一段摄人心魄的沙漠公路，正好是梨花高速穿过加州138号公路的位置。道路自前景的深楔形开始，逐渐消失在远方。两条粗大的黄色平行线将车道划分开来，从画面底端通往中点，而后被蓝色的延绵远山一分为二，那山名叫"天使之冠"。黄色、绿色和红色的四个路标沿着道路右侧由近及远地排列，直到路的尽头；路两旁的灌木丛里稀稀拉拉地站着约书亚树，落满了空瓶、罐头和烟盒。洛杉矶沙漠的天空几乎占据了整个画面的上方，那是一大片稚拙的蓝色，就像孩子的画。画面元素简单平庸：沥青路、路标、树木、山脉、天空。然而画面整体却准确得令人头晕目眩。每一张照片都是特写，多半是正面直拍（霍克尼爬到梯子上拍了那张停车路牌，并从上而下地拍摄了每一件垃圾）。无论看向哪个角落，都会立刻被画面的细节吸引；路面油漆上的每一丝裂缝，压扁的可乐罐反射出的每一丝阳光，都栩栩如生、巨细无遗地呈现了出来。

道路会给我们对时间和空间的感知造成奇特的影响。在道路上移动时，人们总会陷入遐思。儿时，在无聊的冗长车程中，我总会想象自己在车的旁边跟着跑，并且难以置信地跳过路边那一团团的混乱事物。那是对完美流畅动作的幻想。如今，坐在驾驶座上，其他时间和地点——未解决的问题、对命运的预感或不断展开的回忆——便会充斥我的脑海，于是我发现，在路途中，我可以不去真正关注身边的世界。

谢默斯·希尼[①] 将其称作"驾驶的迷幻"，并在这种状

---

① 谢默斯·希尼（Seamus Heaney），爱尔兰诗人、诺贝尔文学奖获得者。

态下创作诗歌，在方向盘上敲定一个个小节。许多道路的设计压抑了我们的空间感。用来隔绝噪声的高耸路肩同时也阻挡了路旁的风景；无聊的灰色防撞护栏几乎无法引起我们的注意。白色的线条向地平线无限延伸。在琼·迪迪翁（Joan Didion）看来，在洛杉矶周围的高速公路上开车需要某种纯粹的专注，几乎可以被称作麻醉品，所谓"高速公路的迷狂"。驾车旅行时，发动机的轰鸣令人昏昏欲睡，路面的距离标识仿佛咒语，车子搅动的气流发出低声鸣响，这一切组合在一起，将我们从现下拉出。在这样的时刻，我们在某种层面臻至完美。"思维空无一物，"迪迪翁写道，"节奏取代一切。"

现代公路旅行的历史就是追寻完美道路的历史，不断追求最光滑的路面。现代生活所做出的最根本的承诺，或许就是得以丝滑地穿越空间，仿佛一个魔咒，将我们从大地沉重的束缚中解放出来。

这一嬗变始于19世纪的铁路。1830年代，机械化运输将交通速度提高了三倍，于是，铁路旅行彻底改变了旅者与时空之间的关系。1839年，《季度评论》（*Quarterly Review*）上的一篇文章激动地评论道，铁路旅行会让世界"缩小成一座巨大的城市，奇迹般地将每一个人的域限从过去那有限的区域扩展到整个世界！"路易斯·卡罗尔（Lewis Carroll）让爱丽丝被魔法放大缩小的几十年前，铁路就已经把世界变成了仙境，模拟出地质年代尺度上的剧变，将地球上最大的河流变成涓涓细流，而大湖不过是小小水洼。

汽车发明后，公路也在模拟铁路的完美。过去，高速公路必须适应地形，在无法移动的山峰和峡谷面前弯曲盘旋，而铁路则直接用隧道和路堑穿过大地。20世纪的道路也遵照了同样的技术标准，迫使大地在流畅行动的需求下屈服。历史学家沃尔夫冈·施菲尔布施（Wolfgang Schivelbusch）指出，旅行工具的机械化使得旅者对自己在世界中定位的认知也机械化了。铁路旅行的速度——1830年代就达到了时速40英里——摧毁了前工业时期空间意识中居于核心的对深度的认知。全新的全景视角让人们得以观察远处的事物，但高速运动的列车让视角不断转变，前景便沦为一团无法分辨的模糊形状与色块。前工业时期的旅者徒步或靠畜力移动，因此沉浸于周遭环境之中，但在铁路发明以后，大部分旅者都觉得自己和窗外的物体并不处于同一空间。

这种脱离感在如今的道路上也很常见。在路上旅行时，我们被困住、被运走；我们习惯了周围被钢铁与玻璃包裹、被基建设施吸收，在震动中麻木。当我们透过电影幕布般的挡风玻璃观察世界时，我们的精神就已经到达他处，而身体仍在路上。机械化旅行使我们对世界的感知变得迟钝。爱默生说，铁路强化了旅者的自我中心，更强化了"世界不过风景，而他自身稳定不移"的影响。然而，在《梨花高速公路》中，每一张特写照片都引爆了我们的稳定感。霍克尼的拼贴画让我们回到那个场景，并沉浸其中。令人昏昏欲睡的图案将我们从世界中抽离——规律出现的距离路标提醒我们，重点不在于我们身在何处，而在于我们将要到达何处，白色电报纸条一般的路面标识无穷无尽地滑过，标示着"此处"永远在我们身前几米远的地方——并代之以成百上千个独立的瞬间。《梨花高速公路》仿佛是完美道路的魔法的解药，将我们带回当下的此时此地，或者说，带回到由无数"此时"所组成的此地。它仿佛在说，道路是一条必须被打破的魔咒。

在我和家人在新桥上漫步的几个月后，在一个周日的早晨，我早早出发，到旧桥骑车。那是一个完美无瑕的11月的冬日，街道阒静，霜花在街上如璀璨星辰般闪耀。空气中充满着丰富的气味，泛着金黄色的光芒。四周唯一的声响是棕色落叶在我的车轮下破碎时发出的清脆的沙沙声。一群鹅在高高的蓝天下发出互相吵嚷的愤怒叫声。

老福斯路桥建于1960年代，在新桥建成后，便对私家车关闭了。现在，主要是公交车在用，自行车和行人有时也会走这里，但不太常见。开车经过新桥和站在海岸上时，我都会看见旧桥，它看起来仿佛被遗弃了一般。我想站在桥上，远离曾在桥面上风驰电掣的车流。我感觉，这能让我体会人类逝去、再没有人使用道路后，它们将会经历什么。

骑车穿过南昆斯费里时，鹅卵石街道将路面上的每一处凹凸不平都通过前轮像传递电报一样传达给我。主干道远处，道路在旧桥下穿过，混凝土桥体的侧面在半个世纪的风吹雨淋下，已经污渍斑斑。左侧，一块混凝土将河岸和桥面连接在一起。骑上桥面时，我看见低垂的太阳在水面上投射出一座脆弱的银桥。四处散落的小渔船在河中央点头般上下起伏，新桥的钢缆在阳光下闪耀，仿佛即将启航的小舰队。远处，黑暗城堡伫立在南岸，这座 15 世纪的堡垒在当地被称作"永不起航的船"，它锥形的防御工事像船首一般指向湾口。一艘孤零零的游轮正缓缓向大海开去。西北面，奥克尔山落满了雪，显得十分柔软，雪水顺着低矮的山坡朝东流向河流，后面，莫斯莫兰的乙烯工厂冷却塔排放出一团巨大的蒸汽，升入无云的天空。工业生产需要重启时，工厂的经营者会定期烧掉过剩的气体。莫斯莫兰的火一烧就是几天；烧起来的时候，我在卧室就能看见那火光点亮了的天空。最近一次燃烧是在几周前，仿佛索伦之眼一般日夜不熄。

我有几个朋友住在旧桥附近的街道上，在它的阴影中度过了很长一段时间。曾经，桥上的交通噪声从不停歇，有时像哈雾（一种海雾，从北海刮来）一样浓厚。而现在，这些嘈杂和吵闹都蒸发不见，变成令人悚然的寂静。此刻风静，然而，昆斯费里大桥上寥寥车辆驶过的声响还是被新旧桥梁之间的空隙所吞没。

徒步走过新桥时，我感到一种全新开始的轻快感，而穿过空荡荡的旧桥时则感觉像听到一首挽歌。"路的尽头"总是被用来比喻事物走向终结，又或是一种终极追求，但我想，我们很少考虑路的尽头本身。诗人爱德华·托马斯看到了这一点。1911 年，他写道："关于旅行我们已写得够多，而路却少有文字。"然而，眼前就有这么一条路，仿佛即将被弃置，但裂缝尚未爬上路面，野草仍未淹没桥墩。

在桥的末端，我走过在山体中深深挖开的路堑。两侧闹闹嚷嚷地长满了令人快活的黄色金雀花，然而在黄花和绿苔之下，裸露的山岩却是愤怒的红色。我想起了罗伊·费希尔（Roy Fisher）的美妙诗歌《斯塔福德郡的红》（*Staffordshire Red*），诗中讲述的便是开车经过劈裂山体的魔幻般的体验。随着道路转弯，直接穿过英格兰中部的一座砂岩悬崖后，诗人发现自己一瞬间跌入了远古世界，目之所及尽是滴水的羊齿蕨和绿光。还没等他反应过来，道路便将他抛回英格兰中部温和的景色中，那传送门不过是一丛乏善可陈的树。然而，他仍觉得自己不知怎的变了，难以自控地沿着这条路前行，绕着该郡开了一大圈，直到再次回到开山处，这条路再次将他拖下"红色山脊上那道野蛮的切口"，让他又一次和潜伏在蕨类和苔藓中不知岁月的神秘短暂接触，感受那"瞬间扫过的澎湃能量"。

我骑着自行车通过路堑，来到帮助车辆上下桥面的匝道。在这里，大约 100 米、通往两座桥的道路平行延伸。站在凝滞的旧桥路口，我看见一长串汽车驶上新桥。一瞬间，我脚下仿佛并不是一条旧路，而是对这条新路未来的预言。

总有一天——无论是因为化石燃料耗尽让我们不得不生活得更逼仄一些，还是仅仅因为人类不可避免地走向消亡，总之再没有人能使用这些道路——连接着各市镇的道路将会被抛弃。种植在道路边缘的植物将不受控制地蔓生；路面也将龟裂破损。时间会磨平一切，甚至包括这座桥伟岸的桥墩。无论材料多么坚固耐用，这座桥的绝大部分仍会破碎磨蚀。坚韧的根系将会缓缓破开它们的表面，而雨水则将它们冲刷殆尽。然而，某些碎片还是会留存下来，成为大桥存在过的证据。就如全世界第一条硬化道路一样，这条 4500 岁的老路在 1990 年代于开罗附近被发掘出来，某些短短的路段被埋在沙下、被提升的海平面淹没、被塌方所掩盖。即使被超乎想象的高压包裹着、压制着，那坚硬的路基和沥青的路面仍会留存于地层之中；若在千百万年后，将路段深深压进大地的伟大力量一朝逆转，那成为化石的道路将重见天日，仿佛一座新桥。在这新的悬崖、新的山体之中，埋藏着令人好奇的异常之处：这层岩石可能来自几千公里以外的地区，标示着曾经包裹了整个星球、千万公里长的灰色网络。

相比之下，隧道甚至比公路更有可能被保存下来。比如挪威那条 25 公里长的洛达尔隧道（Lærdal Tunel）。这条漫长的隧道需要 20 分钟才能走完，由 3 段巨大的地下厅室组成，就像山中之王的厅堂，每一段都灯火通明，仿佛日出，以免司机昏昏欲睡。唯一能让它无法存续至"深时"的威胁就是地震。地表路网可能只会留下短短的路段，不过 1 公里左右。泛美公路可能只有不到 1% 能支撑到成为化石的那一天。20 万年前，劳伦泰德（Laurentide）冰盖向南可及密苏里，若再来一次冰期，公路的整个北部都会化为乌有，安第斯山脉的风化作用也会抹去高纬度地区的路段。然而，通过救世基督像的 3 公里路段将受到保护，洛达尔隧道和中国秦岭下的终南山隧道也将保住 25 公里长的路段，侧石、路标、路灯和路面油漆标志都完好无损。

我转过身，回到空荡荡的桥上，开始朝家骑去。行至河中，一辆公交车呼啸而过。沉眠的桥面颤抖了一瞬，又回到梦中。

尼日利亚小说家本·奥克瑞（Ben Okri）曾写道，很久很久以前，森林里住着一个巨人，名叫路王。然而，人类的贪婪让森林越来越小，他便离开了森林，成了人类借以旅行的道路。他是个暴君，有着无法餍足的胃口，能够"变换成千姿万态的形状，无处不在"。旅人献上供奉，祈求路途平安，然而，不知餍足的路王掏空了土地，带来了饥荒。人们停止了供奉，饥饿的路王大发雷霆，开始攻击生者与亡者。为了安抚他，人们凑出了一份丰厚的供奉，足够整个村子的人果腹。他们将供奉献给路王，路王一口吞下了所有食物，还把来送供奉的代表也吃了。

第二队献上供奉的人也落得同样的下场后，绝望的人们决定杀掉路王。他们收集了世上所有的毒药，放进有着山珍海味和多种薯类的盛宴中。这次，路王先吃了代表，然后一口吞掉了大餐。

吃饱喝足的路王躺下休息，肚子痛了起来。为了平息疼痛，他抓到什么便吃什么：石头、沙子，甚至是大地本身。终于，路王对自己下口了，他吃掉了自己的身体，直到最后只剩下那永不满足的胃袋。大雨下了七天七夜，将路王的胃冲进了大地。雨停后，路王没了踪影，人们却仍能听见脚下传来他饥肠辘辘的声音。

"路王成了世界上所有道路的一部分，"奥克瑞在他的小说《饥饿的路》（*The Famished Road*）中写道，"他仍然饥饿，也将永远饥饿。"

　　道路是不知餍足的。硬化道路连接着我们对地球表面所做出的所有最根本、最持久的变化，从最深的矿坑到最大的超级城市，道路将我们的痴迷带到了有限的资源面前。在遥远的未来，我们的城市将成为无数未来化石的巨大坑洞，但其中几乎每一件化石都来源于他处，被道路送到了这个遥远的新地方。海洋里万亿块塑料来到岸边之前，都曾经过许多段公路旅行，从油田来到人们手上。道路本身也从轮胎上磨下大量合成物的碎屑，而后碎屑被冲刷进海洋与河流，最终沉落在海床上，埋进泥土里。燃烧化石燃料让整个星球的表面都覆上了一层粉煤灰。这些细微的碳化物全部来自人类，遍布全球的所有湖底沉积物和冰核，代替了核微粒，成为人类世最重要的标志物。有人认为，人类以种种方式改变了地球超过一半的陆地表面。道路打开了边远地区，让剥削力量进入，将它们和城市或工业中心连接起来。盖亚·文斯（Gaia Vince）指出，每一条穿过亚马孙雨林的道路背后，都跟着一个直径50米的"毁林光环"，导致更多的泥石流和侵蚀，加速了沉积物质在全球的循环。如今，人类每年移动的沉积物比全球所有河流移动的量还要多，高达450亿吨。我们所留下的痕迹，包括道路本身，也因此更有可能被埋藏、被保存，成为未来的化石。

这一切的基础就是沙子，它是混凝土和沥青的主要原料。全球对沙子的需求量仅次于水。每年，建筑和道路工程会用掉400亿吨沙子，同时，窗玻璃、手机屏幕、硅基太阳能板和化妆品也会消耗沙子。它还是金属铸造和页岩油气水力压裂法的主要材料，填海造陆也会用到沙子。过去40年里，新加坡曾进口沙子并以此新增了130平方公里的土地；迪拜的棕榈岛工程（包括一个形状像世界地图的群岛），将用掉超过30亿吨的沙子，相当于万里长城重量的8倍。沙漠虽然不缺沙，但沙粒太细，不适合商业用途；我们所使用的沙子都是因风化作用从山背部和山坡侧面刮下来的粗砂，这类粗砂的全球总需求已经超过了地质作用的产能。但路王仍然饥肠辘辘。

奥克瑞关于不知餍足的道路的尼日利亚寓言让我想起了加拿大摄影师爱德华·伯汀斯基（Edward Burtynsky）的照片。1970年代至今，伯汀斯基一直在拍摄人造景观——采石场、盐田、铁道路堑，他是在追求他口中的"残余物"，我们与我们对原材料的渴求留下了种种痕迹，即使在人类抛弃这些景致后多年，痕迹仍将残存。他拍摄的对象多半不是市中心，而是环境哲学家薇尔·普鲁姆德（Val Plumwood）所说的"阴影地区"，它们不被看见，不被考量，却供养着我们对矿物或能量的渴求。

伯汀斯基拍摄的画面从每个层面而言都堪称史诗，拍摄角度都很高，借助了吊车、直升机或无人机。这种距离对景观施了"炼金术"，创造出伯汀斯基所说的"神秘空间"。居高临下，景观便化成种种纹样，凸显出被忽视的几何形状，仿佛抽象艺术一般。画面中，人类不复存在，或是变成了渺小的色点（由于他常常拍摄工业区，图中的人一般都穿着黄色的安全背心）。画面效果带来了疏离感，但不是彻底的漠然。我们看见的是自己，或者说，是阴影的自我、饥饿的自我，它挖凿、切断、爆破、塑造并囤积大地，直到它回望我们，仿佛镜中的倒影。

在伯汀斯基眼中的世界的建构过程中，道路扮演了重要的角色。据他所说，他眼中那全景式的景观是儿时在加拿大漫长的旅行途中涌现的，在路上，他看着"无垠的国家掠过眼前"。作为年轻的摄影师，当时他还在寻求自己独特的美学，独自一人在美国旅游了两个星期。他在宾夕法尼亚州走错了路，来到一个名叫弗拉克维尔（Frackvile）的煤矿小镇，被这里的景色深深地吸引住了，他无法自控地停下车子，凝望着它。无论看向哪里，无论在哪个方向，他都无法在大地上找到任何还没被人类工业改变的事物。一堆堆煤渣组成延绵起伏的黑色山丘，山脚下积着一摊摊酸橙绿的积水。除人类以外，唯一的生物便是骨白色的桦树，穿透矿渣，直指天空。

乍看之下，伯汀斯基以为自己来到了异世界。那黑色大地"彻底震动了我"，他如此说道。"我想，这是地球吗？"但他很快意识到，弗拉克维尔之所以会有这样的景色，是因为我们对化石燃料的痴迷，这一痕迹已经蚀刻进岩层与沉积物之中。即使对此无知无觉，我们也已经身处影子空间之中。

伯汀斯基的影像追随着道路的饕餮欲望。2007 年，他拍摄了西澳大利亚金矿的露天矿区。在一张勒弗罗伊湖盐田的照片上，一个腹部似的深坑深深陷入大地，足有几百英尺深，就像奥克瑞寓言里路王的胃袋，深黑的颜色与结着盐壳的白色大地形成鲜明迥异的对比，盐层形成了诡异的、肋骨般的纹路。另一张照片拍摄的是卡尔古利附近的"超级巨坑"，只有在看到坑边的城镇被衬得如同一粒白色的小小地衣时，你才能真正意识到坑洞庞大无比的尺寸。深坑如一张洞开的大口，最宽处有 3.5 千米，深达 180 米。小路如同一团乱麻，通向逐渐缩窄的坑底。每年，矿坑能出产 23 吨左右黄金，但每出产 1 克黄金，便要移动 0.5 吨的土层。

我们移动沉积物的能力已经远远超过地质作用移动沉积物的上限。这会留下数不胜数的未来足迹化石，规模有大有小。从卡尔古利的超级巨坑，到我们从地球深处采掘，又散落在全球表面的矿物本身，都会成为化石。金、铜、铂金，以及采矿时产生的有毒重金属，如镉、铅和汞，在地球表面的富集，将成为证据，见证我们孜孜不倦地满足自己对昂贵矿物的渴求。地质学家称，我们将岩石和沉积物搬离起源地的能力，相当于冰川将岩石随机地带到遥远的山谷之中。

"想想看，"迈克尔·米切尔（Michael Mitchell）曾就伯汀斯基的照片写道，"世界上每一座石头建筑背后，都对应着一个大坑。"伯汀斯基给佛蒙特州万古磐石采石场拍摄的照片就像是纽约这样的现代城市的峡谷。岩架被层层切开，仿佛摩天大楼的楼层，恰巧落下的大雪将它装点得夺人眼球，那画面看起来像是从大地里挖走了一整幢楼。融水将灰色的花岗岩墙刷成黑曜石般的颜色。米开朗基罗曾有一句名言，雕像已经藏于石中，雕刻家只需要把它从石中解放出来（伯汀斯基拍摄的第一座采石场就位于意大利的卡拉拉，米开朗基罗创作大卫的石料就来自这里）。伯汀斯基的照片让我们直面这种幽灵般的建筑，仿佛我们的城市是整个儿从别的地方搬运而来的。

1997 年，伯汀斯基提出了"石油顿悟"（oil epiphany）：他拍摄的所有面目全非的景观，"都是因为发现了石油才落到这般境地"。他决心用相机追踪化石燃料生产那极尽繁复的基建设施，从开采现场，到枯竭的油田，再到被它摧毁的风景。在我的老福斯路桥之旅几周后，我到大学图书馆阅读《石油》

（*Oil*），这本书里记录了伯汀斯基的任务成果。

前半本书堪称英雄壮举。加利福尼亚油田的广角照片里记录了成千上万部点头不息的抽油机，动作温驯而迟缓，遍及沙漠，直达天际，令人想起曾生活在美洲大陆上的水牛群。伯汀斯基的炼油厂照片上，长达数英里的输油管道全部挤在一张照片里，一束束动脉般的管路呈现似是而非的对称。《高速公路#5》航拍了洛杉矶105号和110号高速公路的交叉路口（《爱乐之城》开篇的歌舞戏就是在这里拍摄的），将这两条高速公路拍成神话般的比例。城市杂乱蔓生的边缘将画面塞得满满当当，直达北方的圣盖博山。然而，这一切在道路面前都相形见绌。纸糊似的房子一排排无限延伸，即使是市中心聚集的摩天大楼，也显得十分渺小，屈服于这多车道高速公路之下，它庞大无比、如食管一般，从十字路口展开、凸起、扭动，向北而去。

这画面使我想起科幻小说家 J. G. 巴拉德（J. G. Ballard）的作品，他认为水泥风景比牧场更好看，还预测高速公路将是洛杉矶这座城市消失以后唯一的遗存。巴拉德称，未来人会把它的滑道和高架桥看作体现我们美学标准的神秘证据，就如我们现在对吉萨的金字塔陵寝投去的崇敬目光。

别的照片则让我们想象石油的影子世界。伯汀斯基的镜头转向了阿塞拜疆巴库枯竭的油田，这或许是全世界第一片工业化油田，也是 20 世纪初全球最大的油田。该油田开采油气的历史至少可以追溯到 15 世纪。骷髅般的抽油机和油塔形销骨立，有的一片漆黑，有的锈迹斑斑，与加州照片上那平和地点着头的机器形成了鲜明的对比。照片的前景里，嶙峋的金属残骸直指天空，仿佛枯焦牲畜的肋骨。

1000 万年后，人类建造在地表的所有结构都将风化而去。我们所留下的最大、最广泛的足迹化石，都将存于地表之下。动物可以从地面向下挖 2.5 米，植物根系最深可达近 70 米。相比之下，人类挖出的洞远远超过了任何生命形态所触及的深度：俄罗斯的科拉超声钻孔直径仅 23 厘米，但可深达大地以下 12 公里，远远超过了居住在深层岩石中的微生物群落，后者最深不过到达地底 5 公里。我们在全球各地深深挖掘。每一台吃草似的加利福尼亚抽油机、每一台落寞地歪斜着的巴库油塔下，都有着将近 1 公里深的钻孔；在全世界，除了南极洲，每一个大洲上都有几千个这样的钻孔。人类世工作小组估计，如果这些钻孔头尾相接，总深度高达 5000 万公里，相当于全球道路网的长度，全世界所有活着的人，每人平均可以分到 7 米。地表的路或许只能保留一些碎片，而这些钻孔则不会被侵蚀。有些钻孔可能会因变质作用而卷曲或压扁，或是会慢慢被推上地表，风化成尘，而剩下的那些会永久存续。这些柱形的空洞深深扎入大地，壁上挂着残留的石油和富含钡的污泥。关闭的矿区会留下巨大的地下空洞，我们对煤炭的渴求掏空了整个地层。

不知餍足的道路会带来最有信息量的未来化石。即使只剩下碎片，它们都会展露出我们有能力跨越大洲，触及每一个蛮荒的角落。通过观察碎片，敏锐的人或许可以拼凑出一个更大的故事，看到欣欣向荣的庞大城市，看到覆盖全球的工业，看到我们对化石燃料的渴求，以及我们为了这个渴求，会挖多深。更令人难以置信的是，海底连接两个大洲的漫长管路，有些可能会毫发无损地保存下来。

在《石油》的末章，伯汀斯基去了位于孟加拉国的吉大港的废船拆卸厂。1990 年代末和 2000 年代初，几艘重油油轮在法国海岸倾覆，导致单壳油轮遭到封禁，搁浅在吉大港的几十艘船需要报废回收，因此催生了新行业。伯汀斯基的照片上，拆到一半的油轮仿佛一座雕塑，甚至像是起伏的地势。没了船头的船只像是一座钢铁悬崖，露出横截面般的层层船壳；有些成了金属断崖和悬壁。这是个极度危险的行业，工人都是些赤脚的男人，按照伯汀斯基的说法，工具不过是"火炬和重力"。伤亡司空见惯，工作环境里全是石油和有剧毒的船舶漆。拆船可以产出 5 万米铜缆、几十公斤的铝和锌，还有几万升石油。与此同时，这些船只被蚕食得几乎什么也不剩了。

然而，在吉大港的海滩上搁浅前，这些船只已经对未来化石产生了影响。虽然船舶排污已经在 1972 年遭到禁止，但据估计，每年仍有超过 60 万吨垃圾进入海洋，主要是软硬塑料、马口铁罐头和渔具。有些会被卷入洋流，掉进海底峡谷或海床孔洞的垃圾坑里，但还有一部分会聚集在主要航道沿途，显示着这里曾经是一条水道。海床上这些塑料小路下是一层层坚硬的熔渣，这是 19 世纪的蒸汽轮船扔在船边燃尽的煤渣。很多船还会在港口清洁锅炉的时候扔掉更多的煤渣。这些坚硬的小道把 19 世纪主要的港口城市连接起来，如利物浦和纽约，而且它们已经被沉积物覆盖，不会受到侵蚀。地表规模宏大的路网只会留下蛛丝马迹，但通过海底这些煤渣小路，未来的地质学家可以复原现在的主要航道。

我看着伯汀斯基照片里的石油与它的来世，看了整整两个小时，草草写下笔记和印象，直到饥饿终于打破了我的全神贯注。但当我翻过最后一页，准备离开图书馆时，最后一张照片彻底震撼了我，让我动弹不得。镜头从上而下直直对着地面，吉大港的污泥上散落着凌乱的脚印，就如 8000 英里外、80 万年前的黑斯堡足迹一般。然而，这些脚印闪着黑色的光。泥土已经干裂，油轮倾覆时泄露的石油从泥缝里涌出，恰好漫到足迹的边缘。

CHAPTER

0 2
单薄的城市

我虽然在爬楼梯，却有种奇怪的感觉，仿佛正沉入水下。

那是 5 月底，大学周边樱花满树。不久前，学生考试结束，我没那么忙了，便打算去大学画廊看看。塔尔伯特莱斯画廊位置隐蔽，藏在老校区的角落，在一扇无名灰门后，需要爬一段长长的楼梯才能到达。这里是大学最古老的角落，石头地基上还带着几个世纪以来被爱丁堡风雨冲刷的潮标。我向着画廊拾级而上，刷得雪白的四楼充盈着动荡的水声；藏在楼梯井隐蔽角落的音箱发出的声音，如海底的呜咽，沉重而粗厚。爬得越高，我便觉得自己沉得越深。

画廊里，我走向对面的墙壁，踏进墙后无光的空间。房间一片漆黑，正中央放着一条长凳，正对着屏幕。视频是循环播放的，当我坐下时，新的一轮已经开始一段时间了。

屏幕上，聚光灯低低地照着一条乏善可陈的美国郊区街道。天色昏暗，显得十分严酷，房屋仿佛照相底片一般发着光。道路宽阔，却奇异地起伏不平，充满了褶皱与凹凸，一堆堆高耸的白丘荧荧地发着光，不知究竟是沙堆还是雪堆。大提琴的声音悲伤地流淌着，漂浮在电流的嗡鸣之上，偶尔被海底的砰响打断。镜头沿着街道推进，而后出人意料地猛然下沉，穿破路面，仿佛扎入海浪，如泳者一般，自下而上地望着笼罩在微光之中的房屋。画面令人屏息，目眩神迷。

　　这个装置艺术作品由阿萨德·坎恩（Asad Khan）和艾莲妮－伊拉·帕诺基亚（Eleni-Ira Panourgia）创作，得名于新奥尔良市的地理坐标：北纬 29.9511 度，西经 90.0715 度。作品展现了卡特里娜飓风于 2005 年 8 月 29 日袭击该市后，美国地质勘探局、美国国家航空航天局（NASA）和美国陆军工兵署通过光感测绘技术（光雷达）所收集的数据的三维动画。光雷达通过放出光脉冲，把光线触及物体并反射回雷达所需要的时长换算为距离来进行地图测绘。这一技术让街景显现出粗糙的质感，仿佛这些粗粝质感并非来自潮水退去后留在原地的沉积物，而是街景本身就是由碎屑堆积而成的。建筑几乎是透明的，白点描绘出轮廓，就像贴在磁铁上的金属屑。闪亮的白泥堆在挡风玻璃上，包裹着车轮。树木和电线杆东倒西歪。房屋虽然还没倒塌，却给人一种古怪的、饱受冲刷而虚弱的感觉。

教堂的薄墙后显露出一排排长椅，但看不到任何人影或生命的迹象。沉沉的黑夜里，耀眼的聚光灯点亮了荒置的街道，如云团般的沉积物将视野变得模糊，让我想起海底勘探的记录画面。

卡特里娜飓风是美国经历过的最强风暴。飓风于早上 6 点 10 分登陆，仅 20 分钟便摧毁了城市的防汛设施。防洪堤多处破溃，某些城区仅几分钟便淹没在洪水之中。在洪水最高点，城市 80% 的区域都在 3 米深的腐水之下。1833 人在风暴及其余波中丧生，其中 50% 以上是非裔美国人，60% 是老年人。100 多万人流离失所。飓风造成的总经济损失超过 10 亿美元。

新奥尔良市建立在一层厚厚的、浸满了水的黏土和淤泥之上，这是密西西比河经历几千年带来的沉积物。多段防洪堤破溃，是因为它们建造在流沙之上。水流蚕食堤坝下的软土，导致堤坝倒塌；暴风来袭前，有些较老的堤坝已经沉到海平面下 1 米。这座城市的重量让这片土地不堪重负。城市沉降的最早记录见于 19 世纪末。对地下水越发强烈的渴求促使人们抽空了地下水腔，而后水腔又被地表的重量压扁，密西西比河上游建起的水坝又导致该地无法通过沉积物补充高度，从而让城市陷入困境。据估计，这座城市每年都向下沉降 12 厘米。许多建在柔软三角洲上的大城市都面临着同样的问题。自 1900 年以来，曼谷已经沉降了 1.6 米，上海沉降了 2.6 米，东京东部则足足沉降了 4.4 米。新奥尔良的沉降速度比海平面上升的速度快 4 倍。该市超过一半地区已经在海平面以下，最低点达海平面 −2 米。

屏幕上，视频仍在循环播放。一次又一次地，我看着镜头沿着被抛弃的闪亮街道推进，而后沉到单薄城市的表面之下。

大水退去，人们又回到了新奥尔良。然而，卡特里娜飓风以后，桑迪飓风让大西洋沿岸满目疮痍，哈维飓风更是将休斯敦夷为平地。政府间气候变化专门委员会曾预测，受百年一遇的洪水威胁的沿海民众数量将从 2010 年的 2.7 亿，上升到 21 世纪中叶的 3.5 亿。1901~2010 年，海平面以平均每年 1.7 毫米的速度上升，然而，最近几十年，海平面的上升速度远快于从前；1993 年至今，海平面的上升速度几乎达到了每年 3.4 毫米。21 世纪末，全球平均海平面高度可能比现在高 1 米。这对图瓦卢和马尔代夫这样的岛国来说，意味着灭顶之灾，某些城市也难逃劫难，如曼谷（海拔 1 米）、新加坡（海拔 0 米）以及阿姆斯特丹（某些区域海拔 −2 米）。

随着气候变暖，海洋面积将会扩大。如今的海平面高度有一半缘于温度上升导致的海洋扩张，其余绝大部分则缘于冰川融化。其他因素也各有影响，因此全球各地的海平面高度不一，升高速度也有所差异。在厄尔尼诺周期的温暖时期，太平洋的海平面平均升高幅度可达 40 厘米。由于极地冰层流失，两极冰盖引力也有所减弱，某一半球的变薄意味着另一半球的海平面上升。格陵兰融化的冰层将会使新加坡和中国九龙防波堤承受更大的压力。绝大部分（将近 95%）沿海地区的海平面不断升高，极地的海平面却有所下降，其中以北半球为著。由于上个冰期末大量冰川减重，北半球的某些大陆板块仍在反弹上升。纽约地块已经度过了反弹的最高点——被压在底下的片岩基座寿命已达 5 亿年，如今正在沉降。来自北冰洋的海水被环绕美国大西洋海岸的缓缓流动的墨西哥湾流困住，使纽约周围的海面向上突起。

没有人知道海面上升的速度会有多快。但所有关于洪水的古老故事，从诺亚方舟到吉尔伽美什，都是在上一个间冰期产生的。当时，海平面上升的速度据说仅每个世纪 1~2 米。

在《吉尔伽美什史诗》中，连众神都害怕不断上升的海面，躲到了最高的神界。极端海平面上升将给人类带来可怕的影响。全球将近 10% 的人口生活在低海拔海岸带，陆地仅比海平面高 10 米。共 6 亿左右的沿海地区居民没有条件抵御洪水，或仅有微弱的应对能力。若不采取措施，到 2100 年，将有 7200 万到 1.87 亿人因海平面上升而流离失所。或许我们来得及保护这些人的性命和生计，但时间站在海洋这边。大气内如今的二氧化碳含量意味着在接下来几百年间，气温将不断升高。某些统计预测，对比前工业时代，气温每增加1℃，海平面将上升1~3米。

如此幅度的海平面上升速度将意味着格陵兰与西南极洲[①]至少有一处冰盖崩塌，也可能两处都难逃劫难。其中一地遭到自上而下的侵蚀，另一地则是自下而上的吞没。暖风带着工厂与山火产生的烟灰涂黑了格陵兰冰盖的表面，使其加速融化，温暖的水流则不断侵蚀着西南极洲冰川与陆地之间的连接处。思韦茨冰川下已经被蚀穿了一个350米深、面积超过半个曼哈顿的空洞，相当于140亿吨冰层流失。幸运的是，这些流失的冰层并没有推高海平面，因为冰块融化前已经掉进了海里。然而，思韦茨冰川本身宽达120千米，仅其自身便能让全球海平面上升0.6米，另外，它还支撑着后面的冰盖，若这些冰盖全部融化，将使海平面上升2.4米。

若全球所有冰盖和冰川融化，海平面将比现在升高60米。到了那天，海洋将重新改写世界地图。北美洲将向西部萎缩；南美洲将被不断扩大的内陆三角洲吞没。英国将比如今大幅度缩小。在澳大利亚，海水将冲破斯宾塞湾，到达红土中心[②]。中国的海岸线将一路后退到北京一线，比现在往内陆推进150千米。

---

① 西南极洲，南极洲两个主要区域之一，位于横贯南极山脉以西的太平洋一侧，全部位于西半球。
② 红土中心（The Red Centre）位于澳大利亚北领地的南部，是澳大利亚真正的"内陆"，在50平方公里区域内，尽是红色的土地。

所有冰层全部融化不过是耸人听闻，但格陵兰和西南极洲冰盖的崩溃却绝非妄想。若两地冰盖全部流失，全球海平面将上升 11 米。如此大幅度的海平面上升可能要花费成百上千年，甚至成千上万年，但如果我们走到了冰盖崩溃已无可挽回的那一步，所有海滨城市的命运都将就此注定。这些城市的名字排在一起，就如同世界文化的一首挽歌：加尔各答。雅加达。上海。伦敦。哥本哈根。阿尔及尔。拉各斯。迈阿密。纽约。休斯敦。新奥尔良。坎昆。布宜诺斯艾利斯。

所有城市都是废墟的雏形。废墟已然存在，潜藏于闪亮的街道之下。对于这一点，哲学家瓦尔特·本雅明（Walter Benjamin）的拱廊计划是最好的例证。1940 年，本雅明离世，拱廊计划仍未建造完成。本雅明花了 13 年构思这座钢铁和玻璃组成的拱廊（流言称，当他从被纳粹占领的法国逃跑并在途中死去时，最终手稿从手提箱里不翼而飞了），而且，这一计划虽然只留下了一堆笔记和构思草图，却被广泛认为是关于现代城市最重要的作品。流传到我们手中的本身就是一种废墟：记忆、学识、引用和逸事的古怪拼贴画。本雅明的城市愿景里包含着巨细无遗的细节。

本雅明构思的灵感来自波德莱尔笔下的"漫游者"（flâneur），他浪游在人群之中，目光穿透城市表面，将碎片拼接在一起。本雅明称，他的巴黎是波德莱尔诗中的"沦陷之城"，那"房屋之海"就像"几层楼高的巨浪"，"比起身处地下，更像是身处海底"。然而，最强烈地激发他想象力的事物，掩藏在拱廊的屋顶之下。在一篇写于1928年或1929年的早期文章里，本雅明回忆起他儿时热爱读百科全书，尤其是看书中有关史前风景的彩色插画——石炭纪的狂野丛林或"第一冰期的湖泊和冰川"。他提出，当我们凝视巴黎的拱廊时，眼前的风景也与之类似。在本雅明看来，这些拱廊代表着"深时"所留下的遗迹。在这些洞穴般的拱廊里游荡的消费者，就是"欧洲的最后一只恐龙"；而"在洞穴壁上生长着他们食用的远古植物，那些商品"到处都是，"琳琅满目"。在丰足的洞穴里，涌现出一个"隐含着种种共通之处的世界"，本雅明写道，"棕榈树与鸡毛掸子，吹风筒与米洛的维纳斯，假体与信件指南"，被穿越其中的来往行人微妙地联系在一起。

本雅明在拱廊计划里最根本的洞见，是每一座城市都带有无数隐含的相通之处。来自全球的种种物品涌入一座座城市里，那是建筑中的混凝土、砖块和钢铁，是咖啡杯、信用卡、光纤电缆和窗玻璃，是钻戒和回形针。无论乍看之下多么大相径庭，这些物品之间都有共同的纽带。它们的秘密就是我们，它们占据了我们的生活，分享着我们的亲密时光。它们比我们留下的种种足迹——在大地上如静脉般延展的道路、被我们挖出的深坑、被我们留在空气里的化学残留物、那些冰、那些水或是那长久不变的塑料和寿命更长的放射性核素更加鲜明，比起这一切，我们的城市将留下最密集、最明确的记录，揭示我们的身份、我们的生活。我们的"远古植物"将会在变为化石的建筑里存续，存在于被埋藏的基建中，在无数被丢弃的小物件里，就像一部人类生活与欲望的巨大百科全书。

全世界50%以上的人口正居住于城市之中；而1800年时，这一比例只有3%。2016年，人口超过100万的城市有512个。联合国预测，到2030年，百万人口城市的数量将达到662个，每年全球城市人口增量将达7200万。1.45亿人生活在海拔不足1米的海滨地带。其中绝大部分都生活在雅加达、拉各斯、纽约和孟买这样的超大城市。人口超千万的超大城市在1995年到2015年翻了一番，且其人口还在继续增加。到2030年，上海人口将从2400万增加到3000万；孟买的人口将上升到2700万；达卡人口将会增加900万；拉各斯人口将增加1100万。近几十年间，沙漠各处都建起了城市，如宫殿随处可见的迪拜，人们填海造陆，制造了几千英亩陆地；未来，这些陆地都会钻入地下，就如新加坡规划的多层地下城。

在有限的时间里，所有的城市都会留下足迹。但留下的足迹并不完整。由于缺少坚固的基建设施，在达拉维挣扎度日的 100 多万人不会在孟买的足迹里留下多少痕迹，远远比不上纳里曼角（Nariman Point）的摩天大楼里的住户所留下的痕迹。然而，由于规模巨大、地基深厚，即使是空城，也能历经千年的磋磨，留下混凝土和玻璃的岛屿，被一条条支流（铁路、公路、下水道和管道）连接起来。

然而，如果我们把目光放宽到几百万年的尺度，再来观看城市的命运，那些位于较高处或所处之处地壳正在上升的城市，最终将被风化为土壤。有些城市会留存下来，不至湮灭风化，这要归功于水的护祐和泥的滋润。位于海滨平原、出海口或河流洪泛区的低海拔超大城市受到海平面升高的威胁，最有可能成为化石。一旦沉入水下，被抛弃的城市将会在厚厚的泥层之下沉睡，躲过风吹雨打和空气氧化的饕餮之口。最终，城里的建筑将会倒塌，但被埋藏的地下痕迹，如固定新奥尔良城里摩天大楼的层层混凝土，甚至是威尼斯水下被石料包裹的木材，以及地铁线路、管道和电线，这一切都会成为人类世工作小组首席科学家、地质学家扬·扎拉斯维奇（Jan Zalasiewicz）口中的"城市地层"，丰富的人类足迹和隐藏的共通之处将被压缩进岩层之中。1 亿年后，纽约或孟买可能只会剩下一层比游泳池浅水区深不了多少的沉积物。讽刺的是，水使得海滨城市不得不被抛弃，同时却又保障了它们的未来。

与此同时，在我们所熟知的城市被抛弃时，随着离开城市的人们持续搜寻干燥的土地，新的城市也将兴起：新迈阿密、新达累斯萨拉姆①、新纽约。当海浪冲破旧城时，这些新城将涌向更高的地方，将地基压进地层，建造独属于它们的、藏匿着秘密相通之处的世界。

当然，在被抛弃以前，许多城市将尽力驯服或抗击海平面的上升。

威尼斯与海结缘已有几千年。每年，在耶稣升天节活动中，威尼斯和热那亚共和国总督（Doge）和首席行政官，以及牧首都将引领船只游行，带领船队开向潟湖。在潟湖口，牧首将一小瓶圣水洒在浪头，总督则摘下一枚金戒指，扔向船外，宣称道："大海啊，我们奉你为真理与永恒统治的象征。"仪式的目的是安抚海洋，维护对城市繁荣至关重要的平衡。

威尼斯是一座建立在水上的城市，在文艺复兴时期，维纳斯成为城市的象征。公元 6 世纪，罗马历史学家卡西奥多罗斯（Cassiodorus）称，最早的威尼斯人在罗马帝国衰亡后逃

①　坦桑尼亚旧都，国际著名的天然良港，位于非洲东海岸。

离至此，在岛上建立家园，并描述他们"如同水鸟一般，时而居于海上，时而居于陆上"。彼得·阿克罗伊德（Peter Ackroyd）写道，海洋流过城市的肌理，不仅奔流于著名的运河与水道，也奔流于圣马可大教堂起伏平缓的地板上和玻璃制品中，这些"凝固的海洋"让威尼斯美名远播，代代传扬。对威尼斯与海洋之间的联系，思考得最为深入的莫过于约翰·罗斯金（John Ruskin），他的三卷本《威尼斯之石》（*Stones of Venice*）于 1850 年代出版。"威尼斯人……建造房屋时，即使是最不入流的房子，也仿佛自己是一个贝壳。"罗斯金写道。在他看来，威尼斯就像一个里外颠倒的贝壳，"内里粗糙"，而"珠玉在外"，那光滑的经典门面"像海浪一般闪闪发光"。"可以把早期的威尼斯想象成遍布砖块的荒野，"他想象道，"被凶恶的海浪不断冲刷，直到表面覆满了大理石：刚开始是一座黑暗的城市——被海水的泡沫洗得发白。"

许多作者将威尼斯遵神谕而建的传说代代相传。然而，在罗斯金看来，这座城市之所以诞生，应该归功于世俗中一个天佑般的缝隙：具体而言，这道缝隙直径 18 英寸，也就是 45 厘米，这是威尼斯潟湖潮水涨落的平均值。他提出，若水流更深，岛屿之间将被分隔，令其易受侵蚀；若涨潮更高，威尼斯人将无法建造精致的建筑，而是改为"普通海港的城墙与壁垒"。若没有浪潮，城市的废弃物将堆积在狭窄的运河里；

若潮水涨落的高度差再大 45 厘米，"落潮时，每一座宫殿的门廊都会被水草和帽贝弄得一片狼藉"。按照这样的说法，威尼斯与海潮之间的协定正在崩溃。潟湖的潮水已经被疏浚和填海造陆的工程改变，而且，和新奥尔良一样，对地下水的抽取让城市开始部分沉降。威尼斯最高处的海拔不超过 1 米，但在过去 80 年间，城市发生了 17 次水深超过 1 米的洪水。最大的一次灾难性"高水位"洪水发生在 1966 年，水深将近 2 米。自建成之日起，这座城市已经习惯了洪水，但曾经精致的平衡如今已摇摇欲坠。其中，超过半数的大洪水发生在 2000 年以后。曾经，威尼斯每个月只有不到一次的局部洪水，而如今，半个城市每年有 75 次会沉入水中。

1970 年代中期至今，在 1966 年洪水的冲击之下，威尼斯一直坚持建造堤坝，防备不断升高的海面。摩西堤坝（Modulo Sperimentale Elettromeccanico，实验性机电模块）由一组水下可充气闸门组成，它们被固定在潟湖底部，可以在涨潮时升起，隔绝潟湖和海洋。然而，虽然得名于可以分开红海的摩西，摩西堤坝却只能应对 20 厘米以内的海平面上升。若政府间气候变化专门委员会对全球海平面升高幅度的预测准确的话，摩西堤坝还没有建成，就已经失去了作用。到 2050 年，海洋将会把它淹没。

在伊塔洛·卡尔维诺（Italo Calvino）的小说《看不见的

城市》（*Invisible Cities*）中，威尼斯探险家马可·波罗得以觐见忽必烈，后者所统治的广袤帝国已化作废墟。可汗请周游了整个帝国的旅人波罗描述他曾到过的城市。波罗告诉他，城市就像梦一样。二者可以是想象中的任何形态，但即使是最出人意料的梦境，也隐藏着恐惧和欲望。可汗的恐惧和欲望，是看见帝国的全貌，了解帝国的疆域。于是波罗向他描述了一系列精彩绝伦、不可能存在的城市——博物馆里收藏着所有可能的模样的城市、街道如乐谱一般的城市。然而，可汗意识到，即使所描述的景象无比丰富多样，波罗所喋喋不休地谈论的，只是同一座城市。"每一次我描述城市，我都是在谈论威尼斯的一部分。"他坦诚道。

在他描述的种种城市中，有一种被波罗称作"单薄的城市"。这样的城市有轮廓如地下深湖般的伊苏拉（Isuara），有支在高跷上的城市芝诺比亚（Zenobia）。有些城市也有着像摩西堤坝这样的工程，由工程师设计提出，帮助城市对抗海平面上升。纽约提出要建设"大 U"，一座包围下曼哈顿地区的防波墙。它保护了金融区，却把西 57 街以北的所有住户都丢给海浪，让他们听天由命。工程师们沿着荷兰海岸和密西西比河三角洲建立了人工岛屿，为不断被侵蚀的海岸线补充沉积物。为了保护已经位于海平面以下 2 米的鹿特丹，工程师们建造了巨型堤坝系统，如莱茵河口那

210 米长的钢铁大门马仕朗大坝，并结合了会让房屋随水浮起的特殊设计。

波罗所描述的许多城市都被它们所对应的另一种可能性纠缠着。有一座城市叫克拉丽斯（Clarice），通过循环利用旧城的材料不断重建。还有一座城市叫劳多米亚（Lawdomia），与过去和未来的自己携手相伴，其中无尽细分的未来世代占据了城市里的所有空间。同样，面临海平面上升威胁的城市，也被可能来临的未来纠缠着，可能因被淹没而被抛弃，也有可能抵挡住威胁而繁荣发展。我只能猜测，住在这样的城市里，感觉就像是自己已被取代，仿佛未来的城市已经抛弃了我。

就像波罗口中那些城市一样，威尼斯也有其暗影。罗斯金狂热地描绘着威尼斯不朽的美丽，"仿佛为了它的王座固定了时之沙漏与海洋中的沙粒"。然而，他也看到威尼斯是"海沙之上的鬼魂"，迷失在衰败之中，因此"看着她在潟湖的幻影中浅淡的倒影，我们不禁怀疑，何为城市，何为阴影"。威尼斯，被困在永恒和混乱的海潮间隙的难民所建立的城市，或许将是第一座被我们抛弃，交给海浪的城市。然而，当我们谈论威尼斯时，笼罩着我们的暗影不仅是它化作泽国的未来，这样的未来也会降临到达卡这样的城市、基里巴斯这样的岛国之上。或许，在未来，就像马可·波罗一样，当我们描述被海洋吞没的城市时，我们同时也知道，自己在谈论威尼斯。

金陵东路乐声遍地。路两边开满了乐器店，随着我走过一间间店面，温暖的小提琴声，泪滴状的中国琵琶的悦耳声，或喑哑的电吉他声都在我耳边响起。

乐器店传来的音乐夹杂在街头的噪声里，给人以宝贵的喘息之机。街上，几十台轻型摩托车在车流里左冲右突，发出响亮的喇叭声，引擎突突作响；骑手常常激动地打着电话，甚至冲上人行道，重重地按着喇叭为自己开路。绿灯不像是通行标志，倒像是让行人和摩托车手开始谈判的信号。W. G. 塞巴尔德曾对比漫步在威尼斯的静谧街头和走在其他城市的一团混乱中的体验。他说，车水马龙的声响是"新的海洋"，一阵阵浪头拍过"石头与沥青"。

交通噪声冲刷着上海的街头，但城市的真正音乐是工地发出的。无论我走到哪里，钻机高速脉动的声音、电锯的声音和锤子敲击钢铁的梆梆声都如影随形。

1840 年代，这座城市只是狂风呼啸的浦西泥泞岸边的一条窄窄的城区，而如今，上海的总面积已经扩张到 6000 余平方公里。2010 年，城市人口 2300 万；城中有超过 800 幢摩天大楼。这两个数字都呈现指数级增长。坐落在长江支流黄浦江上的河岸，上海，也就是"海之上"的意思，正在沉降。对地下水的抽取掏空了城市下的地层，使其以惊人的速度在下降：自 1921 年首次发现问题以来，城市已经下降了 2.6 米。人们试图保护城市，包括定期加高混凝土防洪堤，将水打回地下以"撑起"地面（某些地区域已经被抬起了 11 厘米）。然而，2012 年的一项中国地质调查项目显示，这些措施远不能补足地下水的缺失。城市里太空风格的摩天大楼的钢筋混凝土地基打入泥层达 90 米深，且总长超过 500 公里的地铁系统是世界上最长的。

城市的快速扩张和深地基意味着这座城市已经在地层中留下了它的印记。我来到上海，是为了亲眼见证某一天必定会成为庞大未来化石的城市。

苏格兰诗人休·麦克迪儿米德（Hugh MacDiarmid）将在一座古代火山黑色火成岩上建立的爱丁堡叫作"疯狂神祇的梦"。据丹尼尔·布鲁克（Daniel Brook）的说法，上海也是疯狂梦境的产物：在全世界最自给自足的国家里建立一个全球贸易城市。1793 年，乾隆皇帝认为英国建立贸易关系的请求是毫无必要的提议。他说，中国"无所不有"。然而，1842 年的《南京条约》让中国在 5 座沿海城市开设了通商口岸，并由此推动了一系列事件，最后使得上海成为全世界最伟大的城市之一。

没有几座城市能像上海这样如此快速地成长为一座超级

城市。上海经历过几次猛烈的扩张，有时是因为得到了归属未定的土地，有时是因为洪水。第一次区域扩张发生在1840年代到1860年代，由于太平天国运动对抗清廷，成千上万人逃难到上海，把它变成了全世界扩张最快的城市。1895年到1915年，上海的城市规模再一次猛增，人口翻了一番。到了1930年代，布鲁克写道，上海已经成为"世界上最摩登的城市"，是一段爵士时代的即兴重复旋律，包含着装饰艺术风格、野心勃勃的建筑、残酷的黑帮行径和贪婪的消费。到1934年，城市人口已超过300万，成为世界上第六大城市。同时，人口密度居于首位，平均每英亩达600人。在回忆录《生命的奇迹》（*Miracles of Life*）中，出生在上海并于"二战"期间被拘禁于上海城外的J. G.巴拉德回想往日，他曾在南京路上骑自行车，经过身披及踝貂皮大衣的"母夜叉"，同时也经过被扔在贫民窟里自生自灭的饥民。1920年代到1930年代，上海公共租界经过彻底重建，装修成国际都市的模样。一排摩天大楼拔地而起，建造在一片如今看来过于柔软、无法支撑高楼的土地上。

与新奥尔良类似，上海建造在一片曾经是滩涂的土地上；像威尼斯一样，上海解决问题的方式是将建筑建立在深深扎入泥状土地的木料上。这座城市站在一层300米厚的未固化泥浆与砂层上，这是长江在过去3000年里冲刷并沉积在这里的。然而，在 1930 年代，人们又燃起了信心，将对这片土地的疑虑抛诸脑后。那个时代有一个警句，称"疯子才会以为 50 年后上海会被这些外国的高楼大厦压沉到地平线下"。现代主义作家穆时英称，1930 年代的上海是"建立在地狱上的天堂"。为了在曾经的租界，在外滩上建成那上扬的天际线，位于世界遥远彼端的地貌被彻底改变。俄勒冈州砍伐了几千棵花旗松，其中有些已经长到了百米高，跨越太平洋，运送到上海，作为地基，支撑这些在黄浦江畔柔软的土地上拔地而起的新建筑。

1937 年，日本入侵上海，导致巴拉德被监禁，也结束了城市这段向天空扩张的时期。新中国成立后，上海天际线没有太大的变化，但人口仍在以指数级速度增长。到了 1980 年代，上海开展了一项雄心勃勃的计划——将浦西外滩正对面饱受忽视的浦东区域转化为中国雄心的闪亮象征。在浦东的沼泽地上，建起了全新的天际线，仿佛是从科幻小说里搬出来的一样。浦东曾经是农田，如今却有比曼哈顿更多的摩天大楼，包括世界上最高的几幢高楼。布鲁克肯定地说，这是"妄想一般庞大的土木工程项目"。

我正在赶一趟跨江的渡船，去浦东参观，亲眼看看科幻般的天际线。当我在金陵东路上漫步，音乐一路与我同行，一股绿色的气味时不时钻进我的鼻孔——闻起来像是从夏日的炎热中发酵的下水道传来的，仿佛是在提醒我，混凝土路面下是一片沼泽地。

宏伟庄严的外滩和未来风格的浦东分据河流的深港两侧。外滩的建筑显得雄壮，带有帝国风范：宽大、严肃且优雅，用完美加工的石料建成。相比之下，浦东则狂野得多。巴拉德把上海称作"一个自我生产的幻想"，而当你直面浦东那如梦一般的景色时，就仿佛幻想终于与现实难以分辨地紧紧交织在了一起。密集的高楼在阳光下闪耀，带着无比充实的信心。金茂大厦杂糅着现代主义和古典主义，令人无法抗拒，好似一座能量四射的佛塔，其上覆满爬行动物的鳞片。东方明珠塔那青绿色的球体稳坐于混凝土三角座上，仿佛插在烤肉签上的玻璃洋葱，将苏联风格的美学与魔法般的现实主义融合在一起。632米高的上海中心大厦是世界第二高楼，由于实在太高，必须采取曲形结构，以适应风压。摩天大楼的玻璃外墙倒映着彼此的模样，如镜厅一般将城市扩展开去。它们的中文名字是"摩天大楼"，意思是"直达天空的魔法般的建筑"。然而，为了实现这种魔法，浦东的工程师必须要与现实中的沼泽斗争。为了给上海中心大厦提供稳定地基，工程师在90米深的几百根钢筋混凝土地桩上浇筑了一层6米厚的混凝土层。

油腻的驳船装载着锈迹斑斑的沉重集装箱，在重压下吃水很深，沿着泥泞的黄色河流前进。河面上映着摩天大楼浅浅的倒影，仿佛在暗指它们地下的部分深深刺入了沼泽地里。游轮把我带到了浦东，我朝着上海中心大厦购票处走去。我想从高处俯瞰城市，切身感受它的庞大规模。抬头望着高耸的大厦，我的脖子隐隐作痛，但想到它同时也深深地刺入了我脚下的大地，想到这沉重的大楼压在柔软的土地上，我便更觉得头晕目眩。

前往上海中心大厦观光平台前，我排队接受了人工安检，随身携带的包也经过了 X 光机查验。我还要当着安检人员的面喝一口自带水瓶里的水，以证明瓶里不是危险液体。前往全景走廊的电梯据说是全世界最快的，当它带着我们急速升上天空时，我感到重力轻柔地压在我的后颈上。

上海中心大厦很喜欢使用世界第一的名头，当我刚刚接近它时，对这样的大话满怀疑虑，但从电梯出来以后，顶层的景色扫清了我愤世嫉俗的态度。城市无边无垠，高楼大厦向四面八方行进。洛可可风格的浦东地标建筑让位于一排排整齐划一的公寓街区，最后隐没在牛奶般的薄雾中。北面，在黄浦江与长江交汇处，我看见了崇明岛，建造昆斯费里大桥使用的钢铁就是在那里制造的。

爱丁堡有一点令我很喜欢，只要爬上城外的一座小山，就能将全城尽收眼底。你能看见她的边界，看见自然的屏障——

海与山，限制着她的野心。然而，上海一望无际的规模仿佛对极限的概念嗤之以鼻。我所看见的所有空白之处都即将被正在建设的新建筑填满。卡尔维诺曾在书外写道，《看不见的城市》的本质，在于实际上"所有城市都在融合为一，一个单独的无尽的城市，而城市之间可以分辨彼此的特点正在消失无踪"。上海已经成了中国三大超级城市群之一，这些城市群借助高铁的连接成为整体，是千万人，甚至上亿人的家园。从上海中心大厦的观光层望去，城市群仿佛不断延伸至无限远处。很容易就能想象这个世界只是一个巨大的、无限的城市。

一阵混乱，把我的目光从风景上引开。地板上的液晶显示器把一群孩子逗得兴高采烈，画面上，地板开裂崩塌，现出一个大洞，显露出 600 多米下的景色。大厦虽然显得信心十足，却仿佛一直在想象自己的破灭。四处挂着关于工程规模的事实和数据，乍看之下流露出强烈的骄傲，仿佛这是一道道咒语，用来抵挡可能会把大楼向下拖去的力量。自上俯瞰，四周的住宅小区形成了独特的形状，看起来几乎像汉字一般；向远处望去，小区变成了平行直线街区的摩斯电码。黄浦江上空驶的驳船像是随水漂流的弃船。这一切看起来都如此平坦，让我大受震撼。景色向东方延伸，达到江岸，向西方延伸，最后隐于薄雾。

下午的时光慢慢流逝，我沿着环形的观光走廊漫步，着迷于眼前的景色，直到我在无尽城市的洄游里失去了所有方向感。

上海塑造了 J. G. 巴拉德的想象。巴拉德说，在这样一个仿佛幻想成真的地方长大，最大的挑战在于"在这一切虚幻中找到真实"。离开上海后许多年，他回顾起自己在上海城外几英里的日军龙华集中营里的生活。他记得自己隔着带刺的铁丝网望向外头空荡荡的稻田，稻田的另一端，被抛弃的法租界公寓楼站在"阳光下，周围环绕着一圈平静的水面"。几十年后，1960 年代初，被洪水淹没的田地和站在水中的楼房又回到他眼前。在成名作《被淹没的世界》(*The Drowned World*) 中，巴拉德想象地球气温过度升高，太阳耀斑融化了冰盖，人类只得退守到北极圈内仅剩的可居住区域。故事的舞台设在伦敦，那里已经沉到水下，变成好几个潟湖，里头长满了三叠纪植物。"我很确定我在《被淹没的世界》里描写的景色就是我在集中营里看见的那个场景，"多年后，巴拉德谈及龙华往事时说道，"虽然当年写书时，我以为这是我自己的凭空创造。"

去上海中心大厦的那天夜里，我曾去寻找龙华的踪迹。我在资料上读到，集中营没有留下多少踪迹，巴拉德本人在

1990 年代初回到上海，发现集中营和他看见的小区几乎什么区别，但那地方却广为人知，就在上海高中底下。80 年前，那地方远悬城区以外，如今早就被上海吸了进去。

我出门时，正是车水马龙的时候。几百万人正在赶路。我走出地铁站，沿着石龙路前行，电动自行车熟悉的喇叭声迎面扑来。天边处，暮色渐起，人们踏上回家的路途，喇叭声也越发急切。疲惫的通勤者瘫坐在公交车站，有的则在咖啡馆里谈天说地。窗外挂着准备明天穿的白衬衣。空地上一如既往地聚着起重机和重型机械。走了一刻钟左右，我来到了集中营旧址，位于两条繁忙公交车道的交会处。当年，巴拉德在这儿看到了毫无遮挡的稻田，北方矗立着法租界优雅的公寓楼。然而，站在车水马龙的十字路口，我却感觉自己已经被这乱糟糟的建筑群吞没了。巴拉德曾经看到的一览无余的景色，如今则向内压来，视野中挤满了公寓楼。即使可以攀到这些屏障之上，我也会觉得城市在我的四面八方铺开，无尽地覆盖一英里又一英里的地域。

上海对高楼大厦的投资，浦东对摩天大楼的追捧，栖居天空的野心背离了城市长期保存的真正关键，也就是地下。登上上海中心大厦观光层前，我在它底下灯火通明的美食广场里吃了顿中饭。上海大部分高楼下都有大小不一的购物区；很多地铁站也在地下开设了购物广场。我吃饭的美食广场在地下二层，再往下还有一层停车场。永远涌动、永远繁忙，上海面对全世界塑造了一个天空之城的形象，但当我站在街角，被困在此处，而当年巴拉德曾经可以在此透过铁丝网望见城市的边缘，我便想起最高的高楼下的那些洞穴，还有地铁系统那蜿蜒前行、无穷无尽的地下管道。这个城市的生活有很大一部分存在于街面之下。就是在这里，在城市地层里，信息量最丰富的痕迹将会得以留存。

普通的摩天大楼都是用几千吨强化水泥、钢筋、玻璃、塑料、铜线和装饰石料建造的。上海中心大厦重达 85 万吨。在《人类身后的地球》(*The Earth After Us*) 中，扬·扎拉斯维奇详尽地描述了这些材料的寿命。摩天大楼的多种主要建筑材料可以在自然界中找到类似物。他指出，混凝土"天然具有地质耐久性"，其原料大多是极其耐磨的石英，再加上几乎无法破坏的锆石、独居石和电气石——有些石料可能已经经历了不止一次造山过程。砖头像是火成岩一样经过了火焰的强化。火山岩中的黑曜石是自然形成的玻璃，从中，我们可以窥见框起城市的玻璃的未来。其他材料——钢铁、塑料，更清晰地体现了工业过程带来的影响，但在较短的地质时间范畴内（百万年，而不是千万年），它们将明显地指向非自然过程。然而，成为化石后，最惊人的将是这些材料的丰富程度。再加上把建筑与建筑、城市圈与城市圈连接在一起的广大交通、能源和下水道网络，以及城郊的城市垃圾填埋场，正如扎拉斯维奇所说，我们的城市有可能留下一亿年后仍然足以分辨的痕迹。

"弃绝不会是干脆利落的。"他断言。即使面对必将来临的洪水，有些人仍不愿或不能离开家园。海平面上升也意味着保险金升高，这将给房地产市场带来巨大冲击，侵蚀税基，即使是最富有的海滨国际大都市也会大受影响。富人会退往内陆，让最穷的人群面对洪水。崩溃将是渐进的过程，有些区域会被放弃，有些区域会被救下。有些城市，像建起庞大防波堤的纽约，可能可以坚持几个世纪。然而，无论海洋吞没了哪一条海岸线、哪一条街道、哪一幢孤楼，故事都将如出一辙：洪水、抛弃、沉积。《被淹没的世界》描绘了城市化石化过程中的第一个阶段。在冰盖融化后，欧洲沉到了水面以下数米。在巴黎、柏林和伦敦这样的城市，所有单层工厂、砖房和杂乱无章的郊区都消失了，只有钢筋大厦还矗立不倒。几百年里，随着海平面向上爬升，被我们抛弃的海滨城市会变成洪水中的威尼斯的模样，无法无天的泽国里，被遗忘的人们非法占用了曾经优雅的环境。然而，海水对混凝土和钢铁的腐蚀性极高。浦东和曼哈顿引以为傲的天际线将会像照顾不周的牙齿一样烂掉，或许要千年以后才会倒塌。

同时，厚厚的海泥将冲进被淹没的低楼层里，保护着地下室、地下购物区、地铁线路和里面的所有事物。1000 年后，浦东地下的加固混凝土地桩可能沉入水下 20 米，像一株超乎常理的树，把根部埋在几米深的泥土和沙石之下。扎拉斯维奇描述了一系列会在地下发生的神奇变化：蠕虫和其他生活在沉积物中的生物会以残存的有机物为食，如纸张或织物；吸满了水的木头会慢慢化为泥煤；砖块会被水浸透，散发出海绵一般的味道，最终破碎成渣。然而，最令人震惊的转变可能是金属的变化。某些金属，如铜和锌，可以溶于水；另一些金属，如铝和钛，将在表面薄薄氧化层的保护下逃离被腐蚀的命运。然而，在加固混凝土、钢梁，甚至是被丢弃的手机、手提电脑、发夹和剃须刀片里的铁，将会发生神奇的转变，在与沉积物中的硫反应后变得金光闪烁，变成黄铁矿，也叫愚人金。

在《生命的奇迹》一书中，巴拉德描述过一个在日本侵华战争结束后，他和父亲探索荒废赌场的故事。"黯淡的光线里，处处闪烁着金光。"他描述着已经陷入静寂的赌场，里头四处倒着轮盘赌桌和坠落的水晶灯，就像《一千零一夜》传说中的魔力客栈"。在这个阶段，被埋葬的城市里的地下洞穴所积累的沉积物还不足以将它们完全摧毁；虽然大部分地下空间都会被沉积物塞满，但还会有一些小空间幸存下来，丝毫无损。黄铁矿将在这些地下空间里生长，填满空处，在里头放满室内物品闪闪发光的复制品。空间里所残留的任何事物都很有可能裹上一层硫化物，然后慢慢被填满。某些情况下，只有碎片留存，但在某些洞穴里，将会形成一个金光闪烁的房间，放满了虚假的宝物。

脑海中萦绕着扎拉斯维奇对城市变成化石的过程的描述，我在上海地下购物商场里漫游，乘着地铁从一个洞穴前往另一个洞穴。大部分地下商场都只在地下一层，但那已经远远低于海平面了。大商场造得更深，足有地下几层楼的深度；每一座商场都熙熙攘攘，人来人往。商场里，从假发到名表无所不有。弧形的流畅大道旁排布着高端品牌特卖场，店里的网架上挂着衣服，每一件都闪闪发光，仿佛都已经裹上了黄铁。明亮的灯光和舒心的音乐仿佛经过精心设计，为了让顾客忘记自己正在地下深处消磨时光。大理石地面触感坚实，但我脑海里总想着自己的双脚和坚实岩层之间，还有几百米的软泥和沙土。我盯着广告牌和海报上笑容灿烂的模特，以及她们宣传的最新时尚，不由得想到，将会在此面对空荡荡的洞穴露出笑容的，究竟会是谁。

一天将尽时，下起了暴雨，我在浦东的正大广场地下层洗手洗脸。地面在我头顶两层楼的高度，但站在穹顶大厅下，我看见 10 层流光溢彩的消费世界压在头上。顾客在我身边匆匆来去，有的两人一组，快活大笑，有的全家出行，怒气满溢。我试着想象这片空间的"深时",想象它被抛弃且沉入寂静,沉积物开始从大厅倾泻而下。

盗匪很有可能会把最值钱的东西都拿走,但混乱之中,还会有许多遗漏,或是被当作不值钱的东西。洞穴里的所有事物似乎都跳到了我的面前,一个个都可能是未来的化石:亮粉色的尼龙假发和顶着假发的塑料头模;人造皮手袋;化妆台和上面几十个小瓶子和工具;真假珠宝;东方明珠塔的小模型;美食广场的不锈钢柜台、瓷碟和塑料餐具;进口石料地板和一排排灯光;电缆、水管和电线。

这些日常事物有可能成为未来化石,是因为它们数量极多。在《看不见的城市》里,马可·波罗讲到丽奥尼亚(Leonia),一个每天早上都焕然一新的城市,市民在崭新的床铺上醒来,家里塞满了最新的物品。每晚,他们都把所有东西全部扔掉,城市因此以指数级的速度扩张。巨大的垃圾堆一层层地堆起,矗立在城市边上。随着丽奥尼亚人能力的增长,他们所构思的物品也越来越耐用。"无法破坏的垃圾如堡垒般环绕着丽奥尼亚,"马可·波罗报道称,"占据了每一个方向的空间,如同连绵的山脉。"同样,我们一生之中丢掉了无数工业品,从硬币到塑料餐具不一而足,扎拉斯维奇称其"就像植物散播花粉"。在泥中,我们城市的地基和灌入地基的大量材料将会留下独特的痕迹,比如,不锈钢可以存续很长时间，将窗框或煎锅的痕迹留在沉积物里。螺旋钢乱槽槽的痕迹或轮毂盖的曲线将创造令人好奇的痕迹，需要未来人的解码；地铁列车和轨道甚至会完整地保留下来。然而，像回形针这样的普通事物可能变成化石，才是最令人难以置信的。随着填满地下空间的沉积物在压力下硬化，岩石里将充满筷子、空调分机、自行车轮、信用卡、零售机、瓶盖、笔盖、钉子、SIM 卡、假指甲、冰激凌勺和电源插座的奇异轮廓。

在适宜的条件下，甚至连纸张也能变成化石，印刷杂志用的塑料纸尤其如此。纸上印刷的内容是保不住的，但一想到一本生活方式或电子产品杂志的影响可能保留下来——除去上面的吹捧之语和广告——与杂志里推销过的产品在泥中留下的轮廓埋一起，便令人感到一阵讽刺。可以想象未来人类学家在这堆蕴含着秘密关联性的沉积物里发现一支笔、一只勺子、一卷电线的准确轮廓时会多么惊喜。然而，如果真有人能发现这些化石，最令他们震惊的，一定是其规模之庞大。

几百万年后，沉积层将达到数百米深，数十亿吨重。在沉积层下的大部分物品会因重压而扭曲得面目全非。有些日常物品的化石可能会被压碎，但又因压力而聚在一起。在少数情况下，可能整个房间都能保留下来，像一个口袋，装满了椅子、眼镜框、人体模型的三维轮廓，或许还有通往死路的门廊。然而，我们城市的大部分残留物可以靠化学标记和印入沉积物的独特颜色加以辨别。钢铁析出的铁元素将留下血红色。透过岩石挤向上方的水将溶解多种矿物，如果酸度足够，甚至可以溶出水泥里的碳酸钙。人造玻璃的碎片将挂上一层白翳，就如患有青光眼的双眼盲目地看向黑暗。

海洋淹没城市1亿年后，城市将沉入数千米深的海下。曾经的超大城市将变成单薄的城市，缩减成地层里的薄薄一层。有些城市恰好坐落在造山地带的火热引擎里，将会融化、扭曲，消失不见。但大部分城市会石化为一层一米厚的碎石，这片城市的角砾岩里点缀着日常物体的轮廓，并被深红的氧化铁、乳白的失透玻璃和金光闪闪的愚人金染得五彩斑斓。

随着列车在泥灰色的天幕下向南进发，浦东的大厦被无边无际、一模一样的楼房所取代，一里又一里，全是毫无差别的高楼。一连串的住宅区几乎不间断地排在一起，偶尔，被淹没的平地，或湿地模样、周围环着一圈菜地的荒野打断。这样的楼房有好几千幢，都有10层高或更高，与一排排好几层楼高的输电塔疏密一致，站在一起。一团团房屋聚集在一起，就像敌对城邦一般骄傲地矗立在地平线上。离铁轨最近的聚落颜色多变，从面带菜色的浅绿粉红，到烟民苍白面庞般阴沉的灰色，不一而足。

上海地铁16号线的末站滴水湖站离浦东那些水晶塔足有30公里，位于南汇新城。南汇是几十座新城之一，为容纳中国剧烈扩张的城市人口而建。从地铁站出来，四周之安静令我十分震惊。在经历了上海市中心的繁忙后，南汇——原本叫作临港，后于2012年改名——几乎像座荒城。几个中国游客和我一起坐到了终点站，但他们很快就散开了，几天里，我第一次孤身一人。在我身后，气派的中国海关大楼盘踞在宽阔的主干道一端。地铁站入站口正对着滴水湖——一座浑圆的人造湖。湖左端离海不到1公里；新城规划呈同心圆状，向西发散，就如石头落水激起的一圈圈涟漪。

南汇是个根据规划建立的城市，自2003年建起以来，一直等待着上海无法容纳的过多人口前来把这里的公寓楼填满。至今，这座城市仍在建设之中。到处都是建筑施工的痕迹，但在湖周围，皲裂的油漆和被海风磨蚀的楼面让人看出，风霜雨雪已经在城市里占据了一席之地。已经过去了15年，这里还几乎是空的，就像一座永远处于淡季的海滨度假胜地。几辆车从我身边掠过，我走过一小群聚在一起休息抽烟的环卫工人，然而，我只在湖中一座人造岛上看到了真正的人气。岛上正在举办儿童嘉年华活动，水母和鱿鱼状的风筝高高地飞在节日现场上空，快乐的人声和活泼的音乐跨越沉寂的水面，向外散去。

绕湖半圈后，我离开了环湖小道，转走通向大海的道路。周围的场景从荒置的娱乐场所变成安静的工地，随后变成泥泞的空地，齐踝深的水里长满了高草。沿途，我看见一两个孤零零的渔夫，在浸满水的空地边缘试着运气。考虑到路上几乎没什么车，这条几乎直通海边的高速公路足有六车道，显得有些没必要。四处充满破败之感，湖周围的区域虽然显得完美无瑕，但来到此处，人行道却已损坏开裂，我不得不跨过一道道死亡的植被和损毁的混凝土。我清楚地意识到，我脚下的土地是不久前才通过填海造陆制造出来的。1940年代起，中国就为了发展而填海造出了大片潮间地，在浦东东面增加了一层厚厚的壳。夹在两面阴森森的绿地之间，我仿佛在分开的海浪间行走。

来到海滨时，大海已经退潮，海岸笼罩在薄雾之中。海洋只是不远处一片模糊的棕色。居全球最长桥梁之列的东海大桥弯曲着，穿过薄雾，通向大乌龟岛。我从海堤上的小缝逐级而下，走到海滩上。沙滩上塞满了各种东西。有个人捡了一堆冲上岸的竹竿，身影几乎融在海雾之中，正沿着潮汐线慢慢地走。海堤大概两米高，呈弧形，像一道卷到最高处的浪头，不屈地向海而去。在海堤后，透过那条小缝，我看见南汇蔓生的地块，城市从这里踏上漫长的西征。

"在每一种形式都找到自己的城市以前，"在最后一次觐见忽必烈时，马可·波罗宣称，"新的城市会不断诞生。在形式耗尽并分裂后，城市将会迎来末日。"返回上海的列车经过一连串高楼，我在车上重读卡尔维诺的《看不见的城市》：阿耳癸亚（Argia），地下之城，填满每一条街道的是土壤而非空气，城市里的每一栋房子、每一道楼梯，都像照相的负片，而在城市的表面，什么也看不见；摩里安那（Moriana），晶亮的门面下，背面藏着锈蚀的金属和粗麻布，就像纸张正反两面的图画；特克拉（Thekla），被脚手架包围的城市，永远在建造中。

波罗告诉可汗，如果你问居民为什么建造持续了这么久，只会得到同样的回答："这样，拆毁的日子就永远不会来临。"

CHAPTER

03
瓶子英雄

　　读小说时我最喜欢的片段从来都不会真正发生。那是几乎成真的事件，贴近真实的想象。在威廉·戈尔丁（William Golding）的《继承者》（*The Inheritors*）中，一小群住在英格兰南部的尼安德特人不得不学会应付一群刚来的陌生原始人，他们面目古怪，与自己不同。这群新来的是智人，而且科技水平远远超过了"人类"，也就是戈尔丁笔下的尼安德特人。当人类赤裸着四处采集食物时，"新人"乘着独木舟来到此地，有衣蔽体，还会创作艺术与音乐。人类生活在直觉和常规的世界里。他们还没有脑力进行分析；相反，他们只是想象。群体里任何人，只要能提出解决问题的一个想法或一个新办法，就被称作"有个画面"。

　　在小说开头，人类找到了一头被大猫杀死的雌鹿。他们在海岸边的篝火旁把它烤熟，在鹿肚子里煮汤。群体里的老头马尔摔伤了，当年轻女人法用树枝蘸起一点肉汤喂马尔时，脑海中突然出现一个画面，一瞬间将她带到了另一个世界的边缘。"我在水边，我有个画面。"她说。画面里，人类倒掉了贝壳里的水。画面刚刚出现，就开始消失，法结结巴巴地说："没什么含义，一堆贝壳……还有水。"画面消失了，人类继续吃饭；另一个男人洛克跑到河边，用手掬了一捧水带给马尔。

我觉得这段剧情非常有力，因为我们看到法曾经离一个想法那么近，只要她意识到它意味着什么，就能够改变她的整个世界。人类通过采集为生，只带着孩子和精心照料的火棍。法的画面描绘了用贝壳从河流里取水，她还没来得及对别人描述这个场景，它就消失了。这个场景描绘的是超越了生存度日的世界，在这个世界里，可以描述和携带有用的物品；这个世界可以加以塑造，适应人类的需求。这是个更容易塑造、更偏向人类的世界。

戈尔丁笔下的尼安德特人情感充沛，宛如赤子，而且与H. G. 威尔斯在戈尔丁小说前言里所说的"民俗传说里巨魔的雏形"大相径庭。然而，在《继承者》于1955年出版后，研究表明，尼安德特人实际上比戈尔丁笔下的天真形象和流行文化中残暴的刻板印象精致得多。晚期尼安德特人可以制造石器，也是老练的猎人，可以合作捕杀猛犸象这样的大型猎物。一些人类学家认为，世界上最古老的洞穴艺术，也就是西班牙北部某个洞穴壁上的网状刻痕，其实是尼安德特人的作品。

戈尔丁高估了尼安德特人和新来者之间的技术差距。然而，他书里的这个小剧情涉及了一个更大的真相：在成为人类的漫长道路上，留下了无数时刻，我们的祖先得到了一个画面，它冲破环境塑造的坚固牢笼，将世界按照人类的需求进行塑造，带来了新事物。石块变成了锤子，贝壳变成了容器，每一项创新都彻底改变了世界。最坚硬的材料得以制作；水能被带到离水源很远的地方。随着人类的发展，我们把世界变得越来越易于左右。

1975 年，人类学家伊丽莎白·费希尔（Elizabeth Fisher）提出，史上第一件工具并非石锤或石刀，而是用来搬运物品的容器。厄休拉·K. 勒古恩（Ursula K. Le Guin）在论文《虚构故事中袋子的历史》（The Carrier Bag Theory of Fiction）中采用了费希尔提出的论点。她观察到，武器将能量向外发出，但在此之前，必须要有另一个工具将能量先带回来。勒古恩指出，把你想要的东西放在口袋或篮子里带回家以待使用或分享，是深植于人类本性里的行为。容器的发明将时间和空间打开了：在我们的祖先学会把日后需要的物体放在袋子里时，他们就可以随时随地满足自己的食欲。他们不再需要到河边饮水，到灌木丛进食；他们可以把河流和森林带在身边。在勒古恩看来，这一改变相当于文明的前奏曲。她说，我们的生存智慧得到了增长，给我们提供了安全的能量来源，得以支撑狩猎大型动物时所需的大量能量消耗。同时，这些冒险又催生了故事：它们也是一种容器，只不过装载的是内涵。

叙事把地点和事件连接在一起，并通过这些互相编织的联系创造了意义；寓言塑造了我们对世界的感知，以及我们在世界中的行动的感知。讲故事是人类的根本能力。在创造出容器前，只存在现实和手中的事物。然而对于讲故事的人来说，整个世界都是可以收集的材料，都能够被塑造成故事。

没有人知道人类第一次想象出容器是什么时候的事情，但制造高密度聚乙烯的技术是在1953年发明的，将聚乙烯变成塑料袋的专利则在1965年得到批准。再往后的故事，我们已经十分清楚。美国国家环境保护局估算，每年有1万亿个塑料袋被使用并丢弃，其中绝大部分都被随意抛进了大海。

勒古恩的袋子理论让我想起了我在瑞典西海岸的谢讷（Tjärnö）的某家海洋研究站的最后一晚。那是个美丽的夜晚，阳光明媚的白天留下了最后一丝光辉，将夜色照亮，一丝微风抹去了阳光带来的最后一丝锐利。萨尔托岛就在小桥的另一端，我出了门，走过在浅流里玩耍的孩子和骑自行车的一家人，沿着弥漫松树香味的道路前行。萨尔托是个自然保护区，人们来这里看野鹿、野兔、紫斑红门兰和七瓣莲。但我是为欧洲据说被塑料污染得最严重的海滩而来的。

到达小岛远端时，沙滩空无一人。白蝴蝶在沙滩顶部的草丛中飞舞，几只海鸥在浅滩巡逻。乍看之下，所谓的塑料污染似乎是无稽之谈。我看到了一小块塑料钓鱼箱、一个大号的白色米袋、一只被太阳晒成白色的油箱，除此之外便没什么了。过了一会儿，我的眼睛才适应过来。在通往沙滩的路上，我停下脚步，看一对燕子在路边的原野上嬉戏玩耍。它们白色的胸膛与绿色的田野形成了鲜明的对比，过了一分钟左右，我才意识到其实有几十只鸟儿，具体数量我实在数不清，它们正在草丛之上倾斜盘旋，振翅高飞。海滩也是一样；越是看，我越是发现眼前不仅仅是几块孤零零的塑料垃圾，它们在我面前不断翻倍，最终布满了整个沙滩。地上有渔用绳网、塑料细绳、日式集换卡牌的空包装盒、漂白得看不清图案的包装纸，还有儿童卡通角色模样的氢气球可怜巴巴的残渣。

北沙滩上大部分塑料是被冬天的暴风雨带来的；现在是 8 月，应该是比较干净的季节，沙滩在春天也清理过一次。然而，沙滩上仍然到处都是塑料残渣，大部分都是被丢弃的容器。沙滩面朝西南，窝在一个弯曲的花岗岩海角里。海角把北海漂来的塑料全部拢在一起，仿佛一个巨大的袋子。走近些看，我发现每平方米沙滩都有带着塑料绳的花环和硬币大小的水产养殖轮，就像一张张小小的蜘蛛网。

有人在沙滩顶部堆了一堆垃圾。在浮木和干海草里，混着冰激凌桶盖、六七个塑料瓶，还有一个儿童安全座椅。乱糟糟的聚乙烯捆扎带看起来和不远处躺着的破破烂烂的白色海鸥尸体一模一样。石楠丛上，一只橙色的手套正在向我招手。

那是一个阴沉的早晨：云层凝固，光照只有 40 瓦灯泡的亮度。海鸥在头顶盘旋，公交车站旁的篱笆底部镶着一圈乱糟糟的野草、保鲜膜和塑料瓶垃圾。我朝着气派的钢门走去，按响门铃，穿过大门（"不，往左。左边。"对讲机里传来的声音带着一点点厌烦的味道），拿到了装在证件夹里的访客证。艾莉森·谢里登（Alison Sheridan）是苏格兰国立博物馆早期史前史馆的馆长，她伸出手与我握手，笑容温煦地迎接了我。

我身在爱丁堡北边的苏格兰国立博物馆库房。这里离福斯湾不远，储藏着没在市中心馆区展览的藏品。当我想起自己在萨尔托看见的那些塑料垃圾时，我想进一步了解一次次想象力的飞跃是如何把我们与自然之间的关系变得更加可塑的。法的画面没有帮上她的忙，在小说的结尾，更先进的新人类崛起了。然而，在我们的祖先试图塑造并雕刻这个世界，让世界屈服于他们的意志、反映他们的信念时，这个差一点成真的想法已经无数次得到实施。在迷失数千年后，许许多多出现在这个想象的画面中的物体被海潮冲到了这里，这个位于城市边缘的库房里，就像一个遥远的回声。我希望库房里储存的古物可以帮我体会戈尔丁小说中贝壳差点成为容器的那一瞬间，是如何走到如今海洋里充满了几乎无法摧毁的塑料的这一刻的。

艾莉森体贴地空出了早上的时间带我观看藏品。她动作敏捷，有点像一只鸟，穿的鞋子上系着亮粉色鞋带，深绿色衬衣上印满了绿头鸭。她带着我走过庭院，来到库房区内侧，那里有一堆灰色的双层门，至少 12 英尺高。艾莉森在墙上的电子门禁上刷卡，推开了其中一扇门。

我一眼便看到了门口正对着的方正高大之物，那是个巨大的凯尔特十字架，在条形灯的冷光下显得阴暗而威严，几乎有我两倍高。十字架背后是一个方方正正的房间，被顶天立地的架子塞得满满当当，上面摆满了石质的宝物：特征模糊的罗马雕像人头、棕色灰白的磨石，以及更多的凯尔特十字架。

"那个十字架是真货吗？"我问道。"不，"艾莉森说，"是复制品。"原来，这里的很多石雕都是塑料做的。有些真品已经遗失，复制品是唯一留下的记录，因此其所提供的信息几乎与真品一样珍贵。艾莉森告诉我，它们都极其脆弱。它们的表面看起来和风化的石头一模一样，但我蹲下来看了看其中一件的底座，找到了一片片亮白色的伤痕，里头的空心填满了坚固的蜂蜜色泡沫塑料。

艾莉森把我带到房间另一侧的一排蓝色层架前。"先来看看斧头。"她说。

她拉出了一个矮抽屉。里面放着几十个泪滴形状的东西，每一个都正好嵌在炭黑色的聚苯乙烯薄膜塑料底座的镂空处。这些东西的颜色、形状和光泽都大相径庭。有些是汽油灰色的，有些被泥炭漂白成了鬼魅的象牙色。其中一个是血红色的。艾莉森伸手拿出了一把美丽的绿色斧头，比手掌大一点，经过精心打磨。玻璃般光滑的表面在冷冷的人造光下神秘地闪烁。这把斧头不是为实用目的打造的，她解释道。它有别的、更重要的意义。它打造于 6000 年前，脱胎自法国阿尔卑斯山高处采集的一块绿色翡翠。制造它的人追求的是力量，居于群山的众神的力量。

"这是来自魔力山脉的绿色宝物。"她说。

她指向锋刃角落的一个缺口，那是无瑕表面上唯一的瑕疵。"不再需要它时，他们故意留下了这个痕迹。"艾莉森说，手指轻轻滑过那凹凸不平的边缘。人们认为翡翠斧极其强大，制造者不能直接丢弃，免得落入他人之手。在仪式上摧毁斧头可以将其力量归还圣山，让它重新变得安全。

我意识到，这些斧头不是工具，而是容器。它们装载的是力量和护身符。当人们不再需要这力量时，便将它从斧头里倒出，把斧头腾空：把它变回石头。

她把斧头递给我。它完美无缺，我忍不住觉得它本来所蕴含的力量并没有顺着锋刃上的缺口完全流失。它带有如梦般的魅力。艾莉森又拿出另一把较长的斧头。这把斧头由灰色的凝灰岩打造，但带着明显的绿意，来自湖区的兰代尔派克（Langdale Pike）。斧头的一边只经过粗糙整形，带有独特的痕迹，就像一个商标。"我们认为从欧洲大陆移民到不列颠群岛的人带着碧玉斧作为护身符，"她说，"把魔力山脉带走一部分，在海对面的陌生土地上护佑他们。在安全渡海后，碧玉斧就被破坏了。但人们仍然十分珍视它们，并因此搜寻其他的绿色石头。"

宝物一个接着一个：抽屉里满满当当的金银丝细工橙红相间的箭头，就像一朵朵小小的火焰，还有刻着各种几何形状的石球，形状不似世间所见。有一个抽屉放满了来自设得兰群岛（Shetland）的石刀：扁平的圆形小馅饼，带着锋利的边缘，每一个都点缀着独特的斑点。艾莉森说，在英国发现的任何人类学文物都自动归王室所有。"有一次，我叫停了苏富比的拍卖，有人想为芭芭拉·史翠珊买走其中一个小圆球。

他们说她碰过那个球，好像这就能说明什么一样！"

我震慑于这些物品的美。我本以为它们都是些实用的东西，但即使是日常使用的工具，都是经过审美眼光精心挑选的。"它们要花多长时间才能制造出来？"我问道。"看情况。"艾莉森回答。她估计，优秀的猎人可以在 10~15 分钟做出一个箭头，但可能只能用一次。而碧玉斧可能要花费 1000 个小时。每一件东西都仔细打上了标签，标签上记录着发现地，有些还记下了发现者的名字、斧头的种类，以及制造斧头的石料的种类。碧玉斧在全欧洲流通交易，有些传到了离产地 1800 公里的地方。后来，在 19 世纪，收藏家在全欧洲交易自己发现的藏品。我突然意识到，这些物品深深参与到了社会生活中，每一件物品背后都有一个庞大而独特的传记。无论其最初的魔力耗竭到了何种程度，这些斧头都已经被填入了另一种咒语，一个丰富的故事，吸收了阿尔卑斯山峰抬升的历史，以及石料工匠用几百万年打磨的技术。

我们走到房间正中一张长长的白色工作台旁。艾莉森拉来一个纸箱，拿出一个用气泡纸包好的白色物体。

"这是藏品中最古老的手斧，"她说，"大概有 20 万年的历史。"她把它小心翼翼地递给我，仿佛那是用玻璃打造的。它大概有压扁的牛油果那么大，通体灰白，边缘有一圈黑，比我们刚才看的年代更近的斧子要粗糙得多。敲石头留下的痕迹仍然清晰可见，每一处都像是水中的波纹。这些冲击痕有个好听的名字，叫打击泡。许多用来描述石器制造过程的词语都充满诗意，比如敲散、废片，而这诗意也延续到了被制造的工具之上。在艾莉森的小心看护下，我拿起那把斧头，用右手感受重量。它有种出人意料的笨拙感，好像只是一块石头。然而当我换到左手时，这种奇怪的感觉立刻消失了。我的大拇指正好压在一块磨出的凹陷上；我的手指十分舒适地窝在斧头背面的浅坑里。突然之间，这东西变得熟悉而亲近；它几乎在要求我用它敲点什么。它严丝合缝地待在我手里，就像青铜时代的斧头嵌在泡沫塑料底座里一样恰到好处；仿佛曾经握着这把斧头的手，如今正握着我的手。这种联结感实在令人震惊，以至于我很快把斧头放下了。

"这是不是专门为左撇子打造的？"我问。"很有可能。"艾莉森回答。

这种石器是现存最古老的技术，最早的制品可以追溯到约 200 万年前。若费希尔的第一个袋子历史比石器更长，那么袋子的材料必然不那么耐用，因为没有任何一个袋子流传到现在。在人类历史的大部分时间里，这些原始工具是我们进入一个我们可以塑造并打磨自己的世界的唯一机会。我们习以为常的每一项发明，都源于第一块成为工具的岩石；像书中的法一样，那一步飞越让我们进入了一个更容易塑造的世界。那流传下来的洞见、对粗糙之物的打磨和对全新可能性的想象，仍然存在于我们今天制造的一切中：机器里的幽魂，通过漫长的故事而诞生。哲学家布鲁诺·拉图尔（Bruno Latour）说，所有人造之物都是动作与决策的集合，可以一直上溯到"深时"。"这些实体大部分都静坐于沉寂之中，"他写道，"仿佛它们不曾存在，是虚无、透明、沉默，将它们的力量和行动从遥远得无人知晓的无数百万年前带到现在。"握持着石器时，我仿佛拂过它冗长传记的边缘。然而，对于我们身边的其他人造物——塑料气泡纸、泡沫垫板、伪造的凯尔特十字架，情况也无甚差异。每一个都从繁杂的过往行动中浮现，也都有可能历经沧桑而走向未来。我不由得想到，我们是怎么把自己写进了这些物体之中，而它们又如何反过来在世上缓缓旅行时将我们写进世界里。在遥远的未来，会不会有人拿起一件 21 世纪的塑料制品，一件被塑造得在主人手里严丝合缝的物件，比如瓶子或牙刷，并产生和我一样的一瞬间的联结感？

1956 年初，法国哲学家罗兰·巴特（Roland Barthes）参观了一场商业塑料展。那是记忆里最冷的一个冬天。暴风雪打得苏格兰措手不及；德国迎来了一个多世纪里最冷的一个冬天。几乎整个意大利半岛都被埋在 3 米深的雪里，同样，大雪也落在法国蔚蓝海岸的断崖，落在突尼斯、阿尔及尔和的黎波里①。古罗马斗兽场的冰层绽开道道裂缝，石砌的墙体冻出片片鱼鳞，纷纷而落。

自1954年开始，巴特每个月都在《新文学》（*Les lettres nouvelles*）杂志上发表一篇小论文，主题是日常生活里的隐藏密码。他从电影里的尤利乌斯·恺撒说起，随后分析洗衣粉广告、职业摔跤世界、阿尔伯特·爱因斯坦的大脑和葛丽泰·嘉宝的脸是如何各自将平常事物变成神话的。后来，他解释称自己的动力来自心中的愤怒，这愤怒来自他看到常识的"自然性"把儿童玩具和牛排薯条餐盘这些日常物品的复杂性伪装了起来。他痛恨"无须多说"所制造的暴政。他坚称，这些现代神话是一种语言，但我们都没有意识到自己在使用这些语言。然而，塑料是最大的神话。

在塑料展览上，巴特看见一个摊位前排起了长队，感到十分好奇。人们满怀耐心地等待着，好像在等表演或奇观开场。他挤进人群，看见一个戴着布帽的工作人员把绿色的粗塑料颗粒放进管状模具，变成闪闪发光的玉色梳妆台收纳盒。成品实在是乏善可陈，以至于它们才刚从模具里掉出来，就立刻在巴特的叙述里消失了。真正让他着迷的是制作过程。在

---

① 利比亚首都。

巴特看来，那是绝对超乎寻常的现代炼金术。中世纪炼金术士曾经想用基本原料制出贵金属，相比之下，塑料就是"无限转化这个概念本身"，这"迅速变化的艺术"是一个奇迹，变成桶和变成珠宝于它而言毫无差异。塑料实际上相当于某种圣餐变体论[①]；他声称，它是"第一个愿意变得庸常的神奇物质"。

塑料确实是一种奇迹般的物质。我们可以随心所欲地塑造它。然而，无论一块塑料本身有什么独属特质，它都用一种完全不同的方式将其展现出来。旧日的神明要求赞美，而塑料的神性则在日常生活中自我磨灭，它无处不在，以至于我们习以为常，视而不见。

亲手抓握石斧的第二天，我读到了巴特在塑料展上的见闻，想起当天早上自己用了多少塑料制品。当时还不到早上9点，而我所做的一切似乎都有塑料低调的踪迹。我吃的食物用塑料膜和塑料盒保鲜，我用来洗餐具的洗洁精装在塑料容器里。在来到我家前，它们在农场、工厂和运输途中也接触了种种塑料。我用来切面包的刀有着塑料把手，我将水壶放在塑料底座上烧开水，而壶里的水是塑料水管运来的，我还从冰箱门的塑料篮里拿了用塑料瓶装着的牛奶，用来调奶茶。

---

① transubstantiation，即圣餐经过祝圣后虽然仍保留面饼和酒的形态，但其本性已改变为耶稣的体和血。

我把空塑料盒压扁，拿去回收利用。每天两次，我从吸塑包装里拿出要吃的药。我站在塑料花洒下，用塑料瓶里装着的沐浴露洗澡，用塑料牙刷刷牙。我用塑料梳子给女儿梳头，给她的塑料玩具换电池，把她的衣服收到带有塑料层压板柜门的衣柜里。我脚下的地板铺的是强化木地板。我在洗衣机里洗的衣服释放了几千粒小小的塑料纤维，它们几乎都会流入海洋。我用手机看了看时间，按灯的开关，把塑料电器插到塑料覆盖的插座里。起床后的一个半小时里，我可能碰了塑料100多次；在一天快结束时，这一数字可能会达到1000以上。然而，我只注意到这其中寥寥几次接触。其余的绝大部分都融化在我感知的背景里。

我会给自己的学生看一张照片，启发他们思考塑料是如何影响我们看待世界的方式的。在1986年和1987年，摄影师基思·阿奈特（Keith Arnatt）在格蕾丝小姐巷——一处位于格洛斯特郡迪恩森林的洞穴系统——外拍摄了一组飞满了苍蝇的垃圾堆的照片。这张照片和系列照片里的其他作品一样，拍摄的是相当普通甚至平庸的东西：灰色粗玄岩的低矮平台上，野草野花正繁茂生长。然而，画面里有些异样。回过头来看，这很普通，但当我第一次看见它时，却感到十分突兀。阿奈特在垃圾堆里找到一张不规则的透明玻璃纸，不知为何是非洲大陆的形状。他把它放在了野花上。玻璃纸给这个场景带来一抹古怪的冬日味道，仿佛是透过结霜的窗玻璃或一层冰看见的景象。玻璃纸表面乱糟糟的扭结和褶皱反射出零星的白光。然而，塑料在这堆东西里有种奇妙的内向感。你的目光先是盯在野花上，然后才看见上面那层玻璃纸，鬼魂一般飘浮着。

有时，文学批评家说现实主义小说像是观照世界的一扇窗，它们说服我们忘记小说的虚构性，而是在擦身而过时将它当作一段真实的人生。塑料现实主义也有同样的效果。我们已经习惯透过塑料观察世界，以至于对塑料视而不见。

1950 年，每年制造的塑料大约有 200 万吨，到 2015 年，总量已经上升到 4 亿吨。塑料时代累积的塑料产量已经远远超过了 60 亿吨，每一个还没被烧掉的塑料制品很有可能仍以某种方式存在于世上的某个角落。人们认为，全球海洋里有超过 5 万亿块塑料，其中大部分都被大洋环流聚拢成庞大的垃圾岛，同时，在环绕地球运行的成千上万吨太空垃圾中，也有很大一部分是塑料。

巴特看到，我们之所以没有注意到塑料，是因为塑料制品是彻头彻尾的当下的东西。木材和石头的质感和密度反映了一些材料过去的信息，而塑料与其过去是割裂的，并彻底被吸收到当下。大部分塑料的设计目的就是仅供我们使用。它们在我们有需要的时候出现，不再需要时就退下。它们是难以言喻的胶水，将我们一辈子里心不在焉的种种举动黏合在一起。或许正因如此，它们才呈现一种诡异的永恒感。有时，一件塑料制品会被印上特殊的记忆，建立起独特的联系，比如儿时的玩具或用旧了的工具。然而大部分塑料制品都会褪色消失；历史滑过它们无法穿透的表面，没有留下一点痕迹，就像一次性塑料用具从我们手里脱离，遗忘在永失之境。塑料在我们的视野里进进出出，就如云朵飘过天空；它们投下阴影，掠过我们，没有留下来处和去处的蛛丝马迹。

然而，所有塑料都带着一个故事，不仅能回溯到过往的深渊，还盘踞在我们仅能模糊想象的遥远未来。在化学历史学家伯纳黛特·邦索德－文森特（Bernadette Bensaude-Vincent）看来，每一块塑料都是"记忆之山的峰巅"。塑料瓶里有石器，绿色梳妆台的收纳盒里有碧玉斧，然而同时，里头也有蒸汽腾腾的白垩纪世界的记忆。放过它，就意味着将它扔进无人在意的未来。如果可以讲述一块塑料的生平，那该是何等模样？

在"虚构的袋子理论"中，勒古恩描述了弗吉尼亚·伍尔夫的写作计划——后来成书《三个畿尼》（*Three Guineas*）。伍尔夫意识到，为了写出一种全新的故事，她需要新的语言，于是她给自己设计了一个新的词汇表：英雄主义（heroism）变成了瓶子主义（botulism）；英雄（hero）变成了瓶子

（bottle）。"英雄成了瓶子，"勒古恩写道，这是一种"严格的再评估。我现在提出，瓶子就是英雄"。

我身在海边，有了一个画面。

故事从半空开始。每天，这件事在世界各地发生几百万次：一块塑料再没法用了，刚刚被人丢弃。故事的主角是一个瓶子，材质是聚对苯二甲酸乙二醇酯（PET），一种轻巧耐用的塑料。当然主角也可以是一根聚丙烯吸管、一个聚氯乙烯血袋、一张聚碳酸酯薄膜、一张尼龙渔网、一块泡沫聚苯乙烯包装材料。这是万千事物之一，是一次性塑料制品暴风雨里的一滴，随大流冲入江河湖海和世界各地的垃圾填埋场，无人知晓其来处。它从手心飞到排水沟里，滑出平平的弧度，凹凸不平的表面上，阳光闪烁。

不过几秒后，瓶子便会落地，几乎同时，丢弃它的人便会完全将其忘却，同时，这人也会立刻从我们的故事里退场。因为这是一个漫长且庞大的故事，在一个瞬间里是讲不完的。这是一艘承载了千年的时光的大船。

所以，让我们先把瓶子放到脑后，停留在坠落之中，而故事再一次从新特提斯洋浅浅的赤道架上的海水开始，约 1.45 亿年前，从冈瓦纳大陆泥泞的海岸望来，便是这样的景致。由于火山作用和盘古超级大陆上大量植被腐烂所释放出的二氧化碳，气候大幅变暖，使得我们的地球在故事开头几乎让人认不出来。两极的冰层消失殆尽，北极圈内植被茂盛。海洋温度超过了50℃，赤道附近的无氧海水里长满了生机勃勃的浮游植物群。酸性海水在紫色的天空下发着荧光。海架虽然浅，却有 4000 公里宽，四面八方，目之所及，都能看见黏糊糊的绿毯在水面上结成糖浆似的皮肤。无边无垠的茂盛植被朝着无氧的海底送去源源不断的浮游植物尸体，由于没有细菌消化，便在泥浆里累积为一层有机物质层，得以保存下来。数百万年来，海藻落向海底的缓慢循环一直在持续，从未间断，无数小小的叶子懒洋洋地落到海洋底部。微不可辨的有机层一层层地积在一起，孜孜不倦地将死去的材料压紧，使其渗入多孔石灰岩上的空隙与裂缝，过程之缓慢，就如岩石本身迟缓地移动。地上，大陆板块相互磋磨，缓缓封闭了曾经让海藻繁茂生长的古海洋，把岩石推挤、弯曲，折成手风琴一般的褶皱，折进曾是浮游植物、如今成了黏稠糨糊的烃类物与脂肪堆里。受巨大压力与热量的作用，被困在细密的厚厚砂石下的繁茂海藻的残余物缓缓地转变成了石油。

在无光的年月里，石油这漫长黑暗的转变过程超乎想象，困于时间以外的牢笼。上面的世界，大陆分裂，海洋重构，生命的帝国崛起堕落。终于——虽然在漫长时间的重负下，"终于"这样的词显得黯然失色——微弱的颤抖穿过它黑暗盲目、与地质变迁的力量毫无关系的藏身之处。变化来临，节奏匆匆，迅猛得令人无法理解，与先前迟缓的节奏形成鲜明的对比。颤抖由水而起，大量的海水从波斯湾冲入，注入地层之中，填补了石油第一次猛烈喷发后留下的压力空缺。石油并不是从新特提斯洋的海床喷发，而是从沙特阿拉伯的加瓦尔油田喷出。它冲刷着黑色的腔室，让繁茂浮游植物留下的遗产与苦涩的咸水再次重逢，并将它推向地表。

被人们遗忘、度过了漫长的监禁时光后，它的周围变成了流淌、加速和快速变化的世界。它在烈阳之下经过 1000 公里以上的管道，来到麦地那市的海滨精炼厂。在这里，石油进入油轮，穿过波涛汹涌的大海，到达中国的炼油厂。

这段旅途自玻璃般的原始海洋中浮游植物大爆发始，到管道与炼油厂闪闪发光的世界终，走过了将近 1.5 亿年。旅途的下一站时间不到 30 天，而石油所经历的转化与上一站同样剧烈，有如奇迹。石油变成了粗塑料，粗塑料变成了万事万物。先是加热、冷却、蒸馏，然后分裂成简单化合物，如乙烯、丙烯和丁烯，又组成了长长的高分子聚合物链，像玫瑰花苞或珍珠链一样。如此得到未经加工的塑料，随即被切成小球，送到工厂里，塑形成拥有无数一次性产品的梦幻世界。随后，我们再一次来到故事开始的地方，那个瓶子从一个无名之人的手里落下，仿佛一个阴郁的比喻，模仿它仍是浮游植物时的起源故事。

瓶子落地后，又经历了一次转变，结束了作为有用之物的短暂生命，变成了垃圾。或许它掉进的垃圾桶太满，被风吹起，也有可能直接被扔进了臭水沟，穿过污水出水口。无论如何，它的下场已经注定：每年都有 800 万吨塑料注入海洋，其中大部分都通过河流入海。这个瓶子在被丢下时，几乎没有激起水花。流水迅速把瓶子卷了进去，把它冲到其他更重的塑料物品前头（有别的更好玩的垃圾，还有上游河口工厂的垃圾）。这些重物沉到河底，在十几年里，像刨丝器一样磨削着在黑暗里被河底强力水流带来的更小、更轻巧的塑料。浮在源源不断的塑料碎屑残渣上，这个瓶子被冲进了海洋。日落前，它便来到了陆地看不见的远方。

瓶子虽然比海水稍重一点，但还是因为表面张力和当地水流与风的作用而漂在水面上，很快就越过大陆架，进入水深更深、满是沟壑的菲律宾海。现在，瓶子已经成了一个生态系统。落水后，它几乎立刻就形成了一层生物膜，上面积满了细菌和硅藻之类的微生物乘客。这又转而吸引了各种以它们为食的生物——水蚤、苔藓虫和藤壶。海藻把透明的塑料变得模糊不清。随着瓶子沉入更深的水底，厚厚的污垢层增加的重量变得愈发明显，结了一层污物的瓶子沉进水柱里，脏东西又被鱼一口口地吃干净了。几周里，随着瓶子漂得离陆地越来越远，它慢慢地沉沉浮浮，每次结了生物膜便往下坠，等生物膜被饥饿的鱼吃干净了，又或是海藻因没有阳光而死亡，又变轻，漂了起来。

终于，瓶子被菲律宾海里的水流放了出来，然后又被黑潮（Kuroshio）①卷走。这道洋流流速快，带着温暖的热带水流向北，并快速围绕日本东部的海滨。如今，瓶子在黑潮的磨盘里上下浮沉，四处打转，但仍然保留着原来的形状。PET 高度疏水，虽然酷烈的赤道阳光让高分子链里的分子键开始悄然松动，但生物膜积累脱落所导致的持续不断的升降循环却让瓶子躲过了光降解大部分的能量与浪潮无情的捶打。随着瓶子北上，涡流的力道渐弱，黑潮放松了控制，瓶子又进入朝东流去的北太平洋洋流里，这条巨大的传送带承载着热量、营养、动物和塑料垃圾，在太平洋上跨越了 8500 公里的距离。

瓶子就如踏上朝圣之路前往应许之地的朝圣者，成了被丢弃的渔网、瓶子、管子、薄膜、盖子、袋子、瓶盖和包装材料大军的一部分，与种种微小的纤维、珠子和颗粒同行。当大军靠近北美西海岸时，一部分被北冰洋海流带着向北，在冰里困上至少 5 个冬天，然后才逃进北大西洋。然而，大部分

① 即日本暖流，是北太平洋西部流势最强的暖流，为北赤道暖流在菲律宾群岛东岸向北转向而成。

物品都逃不出北太平洋环流的掌心，随它逆时针，沿着2000万平方公里的北太平洋打圈。环流形成了无法穿透的边界；这圈子成了它无法脱离的牢笼。

对许多海洋生物而言，漂浮垃圾积成了一锅汤，看上去就像惊人丰盈的盛宴。漂浮的垃圾袋看来像是水母，微塑料颗粒像是鱼卵；泡沫塑料粒像是海藻；裹上了生物残渣的渔网像是植物。海水表面的东西被海鸟叼走：有些鸟儿以为那是食物；像黑背信天翁这样的鸟儿，进食是靠鸟喙兜水。这些鸟类从水里筛出乌贼和海鱼的同时也吞下了小块塑料。塑料进入它们的食道，堵住了消化道，使它们慢慢地饿死。海平面下，还能透入阳光的光合作用带里，白色塑料袋轻柔地搏动着，破损的边缘像触角一样起伏，骗过了饥饿的海龟。困在环流里的大部分微塑料颗粒颜色与浮游生物十分相似，有白的、透明的、蓝的。随着颗粒下沉，食浮游生物的鱼类便不加辨别地将它们吞了下去。

瓶子在环流的巨轮里年复一年地缓慢旋转，被大群生物紧紧围绕。从落入水里开始，它便带着微生物壳经过了无法想象的距离。实际上，周围几乎所有塑料都成了运输载体，带动了在气候变化之下活动范围变大的生物，让它们的活动跨越了大陆。瓶子沿着宽阔的海洋弧漫无目的地漂浮，轻柔地撞上几万个寄生着硬壳生物的远洋塑料，包括藤壶、珊瑚藻、有孔虫类和双壳贝类。有时，它的巡游被经过"塑料汤"的庞大集装箱轮船激得动乱起来，船上塞满了还算崭新的塑料，应付全球市场不知餍足的胃口，船壳上覆满了偷渡的苔藓虫。

瓶子已经在海洋里漂了几十年。大部分时间里，它在环流里的遭遇都相当无害，被追着塑料袋跑的棱皮龟推到一边，底部被表层鱼类的嘴轻轻刷开，它还被几只海鸟恼人地啄了几下，不过，这些不幸鸟儿的鸟喙却被饮料六连包的塑料环和渔网线捆住了。有一次，它还经过了一队从阿拉斯加到夏威夷越冬的座头鲸。其中几头鲸鱼的鱼鳍上缠着塑料，鱼鳍被擦破，惨不忍睹；每一头鲸鱼肚子里，都积着半吨塑料，种种毒素浸入其组织。一头幼鲸跟队跟得十分艰难，这是因为它母亲的奶水已被毒素浸透。由于身体被严重削弱，它已经活不了几天了。

幼鲸挨不到夏威夷，但瓶子可以。在一个夏日早晨，入水30 年后，瓶子被冲到了一片与世隔绝的海滩东南角。东北向的风粗暴地把它吹过黑色的火山砂，在那里，涨潮线化作了硬木下繁茂的植被。沙滩呈新月形，这道长长的海滩被嶙峋的海岬包围，经过海岬开口的东西没多少能从它的肚子里逃出来。窝在盛放着棉签、香烟滤嘴、酸奶盒、破桶和几百个压成浅 V 形的塑料瓶的乱糟糟的摇篮里，瓶子归于沉寂。

在接下来几个月，这些东西里有许多会被饥饿的海燕吃掉，它们腹中已经填满了塑料，饿得头脑发昏，脖子上套着俗丽的碎塑料领子。然而，由于困在远离涨潮线的岩缝里，这瓶子逃掉了饥饿海鸟的视线。但是它落到了阳光那更持续不断、更不饶人的目光中。离开水以后，瓶子上那层污物很快便死了，并被雨水冲走，从此再没有东西保护它不被阳光凶狠的瞪视所伤害。在海洋里的这些年，已经让瓶子变黑许多，使其表面吸收了更多热量，加速了氧化降解的速度。中波紫外线辐射开始解开分子形成的结，使其变得十分脆弱。瓶子侧面生出了许多奶白色的裂缝。

如此困在沙滩上，不过几年，瓶子就会碎裂。然而，它的旅程仍未结束。猛烈的冬季风暴刮过海滩，混乱的逆流把瓶子甩回大海，将它推着绕过岩石嘴边，又一次回到海洋。

就像上次，20 年前落进海洋时一样，瓶子又一次积起了一层微生物的生物膜。然而，阳光已经将它大大削弱，这层薄膜再无法保护瓶子不致解体。海浪把它击打；扒在其他硬塑料上的甲壳动物把它磨损。终于，侧面的裂缝变宽了，瓶子破成两半。破裂的粗糙边缘积累了更多的污物，如今浮力下降，它们便开始往下沉，直落到阳光无法射入的深度。

如今瓶子的命运便分岔了。长霉的底部和瓶颈先往下沉。其余碎片待在海面，时间长得足以裂成越来越小的碎片，直到瓶子变成几千个细微的颗粒。由于它无法生物降解，塑料的碎裂过程几乎可以无尽地进行下去，直到分子大小。然而，在此之前，曾经是瓶子一部分的塑料将会落到海床上，进入死鱼的尸体，或是被潜流带到底下。较大的碎片和小颗粒在海底洼地打圈，顺着海底峡谷前行，越过如流浪国王般戴着撕破的聚丙烯渔网的海底山。

瓶子已裂成太多块，不能一一追踪，甚至碎片数量已无法计数，因此我们只能借其中一块的经历来代表所有其他碎片。现在，瓶子已经在海中待了超过 350 年。这一块碎片不过孩子手链上的一颗珠子大小，漂过夏威夷海岭下广袤海底山岭的南面，正是它们将中途岛顶在海面上。碎片顺着桡足动物行动的轨迹前行，这是一种小小的甲壳动物，脑袋中心长着一只独眼，还长着分叉的长触角。桡足动物快速地拨动着游泳足，制造出一个小小的取食水流，将微不可见的腰鞭毛虫和塑料微纤维送入口中。水流将瓶子的碎片捉了进去，它与几十个塑料小球和聚苯乙烯都因狂乱的动作粘在了它的足上。

桡足动物死掉时（它的消化道被不及睫毛大的蓝色尼龙弹簧堵住了），尸体落在了海底山脚的大裂缝里，将瓶子的最后一片塑料埋葬在厚厚的污泥和合成垃圾堆里。过去 400 年来，这个裂缝里一直在积攒着塑料碎片，将它们堆积在无氧沉积层里，使其得到完好的保存。

穴居动物会把各层稍微打乱，留下它们自己的足迹化石通道，但这不足以影响地层里形成塑料细缝。再后来，便是熟悉的漫长故事，关乎温度、压力和时间。接下来的1000年里，塑料化石会释放出碳氢化合物，小堆积累起来，使它踏上缓缓复归源头的化学变化之路，变回新特提斯洋底部海底腔室里缓缓积累的丰富黑色物质。

故事有一个终章。当我们追踪的瓶子划出弧线飞向北太平洋环流时，另一个一模一样的瓶子落进公共垃圾桶里，迅速被运到城外的垃圾填埋场。随着越来越多的东西在此填埋，地上原来的大坑变成了小小的垃圾山。沧海桑田，海洋开始浸没城市，但这座小山离不断蚕食的海滨还远，另一个瓶子藏在里头忍受着牢狱时光，被压扁，被磨成黯淡的白色。躲过了紫外线、风蚀和磨损，它陷入了某种漫长的睡眠，而地面上的风景从城市变成了沼泽和奇怪低洼地形的冲积平原。绕山脚蜿蜒的河流松动着山体侧翼，直到遥远未来的某一天山体滑坡，将里头的东西暴露出来，让有着暗淡过往的宝物重见天日。

在时间、风和雨耐心的作用下，瓶子滚落下来，在阳光下闪烁着暗淡的光芒。那已是距今100万年的未来，它落进河里，终将乘波归海。

CHAPTER

0 4
巴别图书馆

一切自男孩从树上摔落开始。

特泰－米歇尔·克波马希（Tété-Michel Kpomassie）正在摇摆的高枝上。早上的工作令人疲惫不堪，他掀掉了椰子的顶壳，露出雪白的椰肉，深深吸吮。扔掉了椰子空壳，他才看见有蛇在他耳边烦躁不堪地晃动。蛇身牢牢圈着一窝黯淡无光的蛋。其中一些已经孵化，幼蛇正在母蛇身上扭动。

克波马希开始往树下滑，但大蛇将孩子一抛，跟在他身后，白得耀眼的颈项上，舌尖闪烁。男孩用手拼命一扫，把蛇打到了地上。它滑过他的头发，顺着脊背往下，男孩打了一个寒战。然而，克波马希满怀恐惧地发现那动物立刻向上爬来。他被困在了大蛇和蛇巢之间。他唯一的选择就是往下跳。

克波马希虽然一根骨头也没摔断，但休息了两天，却仍然站不起来。绝望的父亲把他带到圣林，让蟒神的女祭司为他治疗。作为回报，父亲承诺会让孩子成为祭司。然而，他现在对蛇恐惧不已，愿意付出任何代价逃避加入拜蛇邪教。

一天早上，克波马希走进了多哥最大的城市洛美的一家福音派书店。他的目光立刻被一本书吸引了过去——《从格陵兰到阿拉斯加的爱斯基摩人》（*The Eskimos from Greenland to Alaska*），作者是罗伯特·格桑博士（Dr. Robert Gessain）。他买下了这本书，带到海滩上读。书中午便看完了，他的脑海里满是那个终年寒冷、冰雪漫天盖地的地方，最重要的是，那里没有蛇。

这个冰雪之梦吸引了无数旅者，但可能无人像克波马希这样狂热。仅靠一早上的阅读，他便下定决心前往格陵兰，到最北边，与因纽特人一起在冰上过活。这趟旅程花了8年。1958年，他在国家独立前夕离开多哥，苦旅6年，走过加纳、塞内加尔、毛里塔尼亚、摩洛哥和阿尔及利亚。他在法国、德国和丹麦又待了2年，终于在1965年来到格陵兰南部的尤利安娜霍布，现名卡科尔托克。

多年以后，克波马希在《格陵兰的非洲人》（*An African in Greenland*）一书中回忆，他一到达，便立刻成了人群中的焦点。码头上所有人都不说话了，人人转头来看这个非洲人，在尤利安娜霍布，大多数人是第一次看见非洲人。无论走到哪里，克波马希都大受欢迎。在欧洲，法国的资助者为他的北上之行出资。在格陵兰，他只被拒绝招待过一次。他能找到容身之所，工作也轻松，无论何时离开，人们都会问他什么时候回来。当地电台定期报道他的行踪和动向。然而，他仍然静不下来。卡科尔托克意思是"白色之物"，但他失望地发现这个国家南部几乎没有冰。他内心的罗盘一直拉着他向北走。

他的目的地是卡纳克，以前称为图勒，是格陵兰最北端的城市。克波马希在海滨慢慢站稳了脚跟，忍受着极地的冬天，在渔船和狗雪橇队里谋生。然而，他的野心最后却被将他吸引到这里的力量挫败了。他在卡西江吉特（克里斯蒂安斯霍布）等着坐船前往卡纳克，但浮冰徘徊太久，没有船只可以朝北走到这么远的地方。终于，在几个月的等待后，他放弃了梦想，改为前往乌佩纳维克，这个名字的意思是"春之地"，位于卡纳克南边 550 公里。他的失望情绪在发现传统的草皮屋后很快消散大半，这种小屋有许多已经被现代的木屋所取代。屋主人是一位头发浓密的老人，他长长的黑发披到腰间，惊喜地说他在电台里听到克波马希在南方的行踪，一直在等待着他的到来。罗伯特·马塔克（Robert Mattaaq）同意让克波马希在自己的草皮屋里做客。

罗伯特喜欢看杂志，以此了解国际大事，他无法忍受没有杂志的日子。杂志越堆越高，直到他的妻子丽贝卡要求把它们清理掉。然而罗伯特有个更好的想法。大部分草皮屋用木板做屋顶和墙壁的衬里，以隔绝风雨，但罗伯特决定用杂志代替木板。很快，整个房子的内部都铺满了一层杂志纸页，随后是第二层，接着第三层，不断堆积下去。每年都会增加一层新的衬里，于是克波马希面前的是过往 5 年世界大事的档案馆。无论是什么话题，罗伯特都可以从中找出相关的信息。

这趟旅途自 10 米高的下坠开始，终于在 8000 公里以外，地球的另一端结束了。大约 10 年前，克波马希离开多哥，想找到世界上最偏远的角落，却到达了世界的中心，一座位于格陵兰冰盖边缘的图书馆，将过去 5 年压缩到一个只有一间屋的小房子里。

即使是最不起眼的图书馆，也会让人想起亚历山大图书馆的样子，据说，这是人类史上藏书最丰富的图书馆。曾经，知识是通过故事和歌曲传播的，但在发明文字后，大部分社会都不再那么信任复述，而更加信任纸笔。图书馆表现了我们对过去和未来的责任感：我们应该将过去的残留之物以最可靠的方式保存下来，这意味着我们关心未来。我们将知识收集起来，是因为记忆不可靠，但储存的知识同样脆弱，于是我们对其也更加看重。亚历山大图书馆之所以在我们的想象中根深蒂固，是因为我们听说，它在 2000 年前就已被烧为白地。

1901 年，德国数学家和科幻先驱者库尔德·拉斯维兹（Kurd Lasswitz）想象了一个无尽的图书馆。通过把所有书面语言简化为最核心的拉丁字母元素（22 个字母、句号、逗号和空格），他猜想，我们有可能建立一个"寰宇图书馆"，收录所有已经被创作和将被创作的作品，甚至是可能被写出的所有作品，包括所有形式的错误和偏差。一本书可能只有一行字，甚至只有一个字母，埋藏在几百张空白的书页里。尽管如此，拉斯维兹的图书馆将包括所有可能的版本：比如，一本书的每一个版本只有一个字母"a"，在每次再版时放在一页的不同位置上；对于内容只有"aa"和"aaa"的书也是一样，以此类推；里头也有一些书可能与真实作品相似，比如《薄伽梵歌》（*Bhagavad Gita*）或《女权辩护》（*A Vindication of the Rights of Woman*），只和原版有一处不同，不同版本包含了所有可能想象的错误或错误的集合。在这个档案馆里没有可靠的作品，因此寰宇图书馆不可能被使用，甚至不可能被建立。图书馆里收藏的书本量大到无法想象，穷尽宇宙空间也无法收纳这么多书。"无论我们怎样想象这个画面，"拉斯维兹写道，"都注定会失败。"

然而，还是有人去尝试了。在《巴别图书馆》中，豪尔赫·路易斯·博尔赫斯试着描述一座拉斯维兹想象中的图书馆的模样。他写道，它应该是个无边无际的档案馆，里头包含无数个六边形长廊，中间由风井分隔。图书馆的每个长廊都有 20 个书架、一面镜子、一个睡觉的小房间、一个方便的小房间，彼此之间通过环形阶梯连接，楼梯向上向下无限伸展，直到目不可及的远方。每一道长廊里都收藏着同样数量的书，书的厚度、每一页的行数都一模一样，虽然处处一致，我们却被告知在这庞大的图书馆中，没有任何两本书是一样的。相反，无尽的书架里包含了"所有可以表达的内容，所有可以用以表达的语言"，包括"巨细无遗的未来历史"。

博尔赫斯的图书馆在脑海里闪烁。即使是它的表层——那明亮的书本、闪光的镜子、打磨光亮的楼梯，也闪闪发亮（拉斯维兹的这个故事收录于 *Traumkristalle* 故事集，又名《梦想晶体》）。然而，这也是噩梦之境，在这里，对知识的无涯追寻变成了暴政，穷尽了有涯之生。罗伯特·马塔克微不足道的收藏与博尔赫斯可怕的想象相比实在渺小如毫芥。虽然两个人当时都不太可能有此认识，但克波马希在马塔克的小屋里发现的这座微型图书馆正站在一座更大的馆藏之上，这是史上最大、最全的一组收藏：它从未间断地记录了这个星球 80 万年的历史，正埋藏在格陵兰的冰盖之中。

冰盖的形成方式十分简单——水、温度、压力和时间。但在协同作用之下，这些元素可以记录极其详细的细节。就像博尔赫斯图书馆里的长廊一样，冰的形成从一片六角形雪花开始，与其他六角形雪花一同落下后，它们融合到一起，在一次次落雪积累的重量之下压得越来越紧实，像树的年轮一样，每年都形成一层。最顶层的六角形雪花之间的空隙还存有空气，但越往下，便有越来越多的空气被从雪层里压出来。雪先是变成了粒雪（firn，该词源自德语，指"旧雪"），然后变成了坚冰。压力迫使六角形雪花重新结晶，保留的小部分空气，形成气泡，就像一列牛奶穿过冰层。这些气泡可以用来模拟冰层形成时的环境。就像博尔赫斯的图书馆，凭借简单的基本元素，构筑难以想象的故事。冰中空泡里所包含的空气让我们得以了解落雪时地球大气的成分构成与各成分的浓度，冰层的化学痕迹与其他物理特性反映了种种信息，包括温度、风和落雪情况，并可借以推断数千年前的具体季节波动。冰层可以反映多年以前或遥远地区森林火灾的频率以及湿地或沙漠的规模。冰核可以用来确定某次火山爆发的具体时间，甚至帮助追踪过去地球在太阳系里的运动轨迹。其中蕴含的信息密度极大：1米厚的雪在约100年后可能会被压成仅30厘米厚的冰。

人们认为，格陵兰冰盖有300万年的历史；南极洲的冰盖远比格陵兰大，年龄也是后者的10倍以上。然而，靠记录回溯历史总有限度。即使是这座图书馆，也无法与博尔赫斯和拉斯维兹的无限图书馆相比。冰盖最底部的冰层深达数公里，在重压下弯曲，被基岩的热力融化，因此丧失了大部分的信息，剩余的信息也被打乱了顺序，就像有人拿着剪刀在档案里乱剪了一通。

科学家自 1950 年代开始研究冰层图书馆。1959 年，克波马希还在多哥到格陵兰的旅途中慢慢前行，美国军方便开始在冰层之下建造城市，离卡纳克的军事基地 140 公里远。世纪营里住了 200 多位士兵，营中还有大街、医院、小教堂、邮局、实验室、电台、暗房、电影院和滑冰场，由 1.5 千瓦核电站供能，全部位于冰层之下。1964 年的一部国防部影片显示，士兵们用着电动剃须刀，在舒服的起居室里放松，穿着便袍读《时代》周刊。世纪营图书馆里收录了 4000 本书。

世纪营项目源起于恐惧和希望的奇异混合，这种情绪塑造了冷战时期的想象。世纪营既是抵抗苏联北下的堡垒，又显示了人类可以在任何环境中定居的潜力。它同时也是秘密导弹项目的试射场，代号为"冰虫计划"（"冰虫"也是建造世纪营并在其中居住的士兵的昵称），以研究建造 600 枚中程火箭隧道网是否可行。对冰盖的发掘显示冰层按年份清晰排列，这让美国人深为不解。1964 年，他们将冰核样本交给丹麦科学家威利·丹斯加德（Willi Dansgaard）。1950 年代初，丹斯加德开发了一种技术，可以根据不同冰层的同位素密度确定冰块的年代。他提出，在较低温度中落下的水分子比夏季的水分子包含更多较重的氧18同位素。世纪营冰核提供的证据表明，冰块也是星球历史的档案馆，可以回溯几十万年，通过挖掘这座档案馆，可用以构建"深时"的景象。

1966年，世纪营的科学家和工程师率先钻探到基岩深度，获取了一条1387米长的冰核，各层记录了10万年降雪的情况。《纽约时报》把它称作"最深、回报最丰厚的钻孔"。自此，冰核科学家不断向前推进，获取历史气候的记录。1987年，从南极洲沃斯托克湖取得的冰核显示了过去两个冰期的痕迹，并确认了大气二氧化碳和大气温度之间的关系。1990年代，科学家从格陵兰获得了2000米长的冰核。2004年，从南极冰穹C获得的南极洲冰盖冰核描述了74万年的大气历史。

然而，两极研究的进展也揭示出冰层中的历史与人类历史联系之紧密。包含大气痕量气体①的冰层说出了黑暗且准确得惊人的、关于我们的故事。在阿尔卑斯山冰川的冰块里，14世纪铅层之间的空隙记录了冶炼工业的短暂停滞，这是因为黑死病带走了欧洲1/3~2/3的人口。来自南极洲的冰核记录了西班牙殖民者在新大陆造成的破坏。100多年里，新疾

———————————

① 大气中浓度低于 10^{-6} 的气体。

病让本地居民死亡了 90%，美洲的农业用地从 6200 万公顷降到了 600 万公顷，开辟了大量新的碳汇 ①。冰层记录显示，从 1492 年到工业革命初期，大气二氧化碳含量陡然下降了 7ppm~10ppm。

某些痕迹将人类历史和地质历史联系在了一起。自从极地荒原对柯尔律治和玛丽·雪莱这样的浪漫主义作家产生深深的吸引力开始，冰层便常常成为零度风景的代表，一个时间之外的区域——没有痕迹、没有生命、没有思想。然而，浪漫主义时期最伟大的一些作品也被记录在了格陵兰的冰层之中，这层火山灰——火山岩石和灰烬微粒——记录了 1815 年印度尼西亚的坦博拉火山大爆发。这次灾害扰乱了全球气候模式，使 1816 年的欧洲笼罩在阴霾之中，这也成了拜伦的《黑暗》以及雪莱的《弗兰肯斯坦》的灵感来源，这两部作品的开头和结尾都设置在极地冰川之上。文学批评家乔纳森·贝特（Jonathan Bate）称，济慈的《秋颂》写于 1819 年 9 月，这是因为作家看见季节的自然规律得到恢复，油然生出一股轻松之情，从深色的火山灰层上面的浅色层来看，也可以推断出济慈轻快之感的由来。

由于每年的冰层界限分明，冰核科学家便能够建构工业

---

① 指通过植树造林、植被恢复等措施，吸收大气中的二氧化碳，从而减少温室气体在大气中的浓度的过程、活动或机制。

社会变化的途径：不仅能画出大气二氧化碳含量上升的弧线，还能以 10 年甚至 1 年为单位进行观察。人类活动产生的氮带有独特的同位素标志，比大气氮元素要轻：冰核中这种同位素含量的上升记录了在 20 世纪上半叶内燃机发明和应用后，氧化氮含量的大幅上升，甚至可以标记出 1914 年这个准确的年份，这一年，弗里茨·哈伯（Fritz Haber）和卡尔·博世（Carl Bosch）发明的将大气中的惰性氮转化成含氮肥料的技术开始投入生产。1950 年代和 1960 年代的冰层带有辐射性物质的痕迹，记录了含铅汽油的使用；从含氯氟烃到氢氟烃的转变成了 1980 年代末的标志，当时，我们意识到氯氟烃对臭氧层有着严重的影响。

作为一个物种，我们的大半历史都与冰层的范围联系在了一起，迫使我们只能居住在地球上的某些地区。人类大脑大概在 20 万年前进化到现在的尺寸和复杂程度，带来了建立文明所必需的思考能力。然而，这一切潜力都没有用武之地，直到约 1.2 万年前，上一次冰期末，全球冰盖终于回缩到两极地区，才终于派上用场（这次冰期也属于更大尺度冰川作用的一部分，可以回溯到 250 万年前）。很快，人们开始种植庄稼，建造城市，发明书写。

冰层是星球的储存条。正如历史学家汤姆·格里菲思（Tom Griffiths）所言，"在人类看见南极洲以前，它就已经开始记录我们所带来的影响"。它看起来像是一片空白的不毛之地，实际上却是一台活跃的记忆机器、一座地球档案馆，足以回溯几十万年。我们的足迹沉入冰层，被封锁起来，仿佛是要将其善加保存。将整个冰盖横切，就可以得到星球的气候记忆地图，其精度不仅可达到年份，还能达到单个季节。每一次降雪都会带来一层未来的化石——冰层图书馆也将收录新的藏书。

这是个温暖的秋季早晨，正是 4 月，空气闷重，天空湛蓝，我站在森然矗立的砖色"南极光"船头下。4 名穿着舞会长裙的少女在船下的码头边或坐或站，玩手机，整理妆容。她们都戴着背带，上面印着"小小塔斯马尼亚小姐"（MINI MISS TASMANI）字样。她们的母亲在不远处徘徊。几人看上去都对笼罩着她们的大船没什么兴趣，而是满心沉浸在对这个似乎值得纪念的日子的期待之中。

"南极光"是一艘破冰船。自 1989 年从新南威尔士州下水以来，它便在每年短暂的极地夏季破开 1 米多厚的浮冰运送科学家和给养，冬季则停靠在霍巴特港。然而，它已经快要退役了：新的破冰船是它的两倍大，造价超过 10 亿澳币，将在 2020 年取代"南极光"，并在接下来的 30 年里破开冰层乘风破浪。从码头边看，"南极光"不像一艘临近退役的船。与附近优雅的咖啡馆和海鲜餐厅那奶白色的门面不同，它庞然无匹，坚实勇猛。别的码头上，休闲邮轮熙熙攘攘，但破冰船边似乎没有船来去。它陷入了自己沉重的寂静中，就像一位待在擂台角上的职业拳击手。

"南极光"停靠在海洋与南极研究所（IMAS）外。位于悉尼的新南威尔士大学给了我一段假期，我和家人在澳洲待了三个月，我们去了霍巴特。我在 IMAS 做了一场关于未来化石的讲座。但实际上，我并非为此而来。我是想亲手拿一拿冰核。

钻探冰核使用的是很简单的科技，和苹果去芯器差不多。那是一个带齿的金属管，高速旋转以钻入冰层。冰核一般都是一小段一小段取出来的，然后在冰面重新组装。但它们所讲述的世界的故事却详细且复杂得令人惊讶。我想进一步了解星球气候历史的最大档案馆能否让我们知道未来将会如何。

IMAS 有一个国际领先的冰核实验室，招待我的人慷慨同意带我参观。我离开家人，去探索澳大利亚极地探险家道格拉斯·莫森（Douglas Mawson）所用小屋的复制品。复制品高度复刻原版，连外墙风吹雨打的痕迹也还原了。它坐落在几条街外一个不起眼的角落，地块狭窄，与周围格格不入。来访者先是看见两对玻璃纤维帝企鹅分立两旁，就如仪仗队一般。而研究所的大门则笼罩在挪威探险家罗尔德·阿蒙森（Roald Amundsen）巨大半身像的目光之中，他抢在由罗伯特·福尔肯·斯科特（Robert Falcon Scott）所带领的英国探险队之前先到达了极地。

　　进去后，我从前台拿了访客证，对面有一根钢管直抵大堂。它光泽暗淡的表面与房子光秃秃的周边环境意趣相若，一时间，我没有发现自己已经看到了此次前来想看的东西。这细钉是一根冰钻，（根据旁边的标牌所说），曾被用在南极洲东海岸附近的劳冰穹（Law Dome）钻探1200米长的冰核。

　　劳冰穹冰核是寥寥几条直挖到基岩的冰核之一，可以追溯到9万年前的冰层记录。然而，论带到冰面的冰块年代，劳冰穹的成绩就不太亮眼了。最古老的冰核来自80万年前，但在2010年，在东南极洲的艾伦山搜寻蓝冰的一支队伍找到了第一块寿命达百万年的样本。蓝冰（由于深层压力几乎把所有空气都挤了出去，冰块变成了夏季天空的颜色）极其古老；当流过起伏地形时，冰盖被迫从底部向上运动，将最古老的冰从底部顶到表面，而猛烈的风将较轻的上层刮去了。他们没有钻到底便离开了，5年后，当他们回到同一个洞，只再往下钻了20米便取到了270万年前的冰块，当它冻结时，现代人类还没有进化出来。由于压力使各层变薄，冰层的流动也让最底部的层次变形，该冰核的大部分信息都已经丢失，科学家只能通过测量氩和钾来确定年代。劳冰穹冰核的年代比艾伦山冰核的年代短很多，但由于它更靠近表层，所以其信息是容易详细解读的。过去两千年的故事，包括工业革命后令人难以置信的跃进，就蕴含在我面前这根巨针所发掘的冰核中。

完好无缺地开掘冰核难度极高，其艰难程度甚至令人生出一股不敬之意。南极洲冰盖固定的水是全世界最纯净的，很多讲述冰核开掘过程的记录都提到这种冰水与烈酒堪称绝配。《时代》周刊报道称，在宣布世纪营科学家已经钻探到基岩的那场新闻发布会上，五角大楼的军官用来冻可口可乐的冰块就是耶稣出生时代落下的雪花。然而由于难以取得且十分脆弱，冰核更多地激起了人们的敬畏之心。旅行作家加文·弗朗西斯（Gavin Francis）在哈雷南极考察站当了一年的驻站医生。一个夏日，他接到电话，说在 650 英里以外的伯克纳岛上进行深层钻井作业的几位科学家发了红疹。结果看诊只用了 5 分钟，他就被带到钻探棚，沿冰阶而下，走进一间蓝色的洞室，房间穹顶就如大教堂一般。冰核周围萦绕着一股寂静的气息，仿佛"至圣所"。

招待我的 IMAS 职员埃莉·利恩（Elle Leane）是南极文学专家，也是这个充满了史前气候学家和海洋学家的机构里唯一一名文学学者。与我们同行的还有汉娜·斯塔克（Hannah Stark），她在霍巴特教英语文学，也想看看冰核。埃莉带我们在大楼里穿梭，前往实验室。她说，作为在科学家群体里唯一一名人文学者让人感觉有点孤独。办公室基本上是开放空间，到处都干干净净，充满了自然光，沉浸在修道院式的寂静中。大部分研究者都戴着白色耳塞，把自己和同事隔绝开来。这里的气氛如棉花一样柔软。

冰核实验室在顶楼，安德鲁·莫伊（Andrew Moy）在楼梯边热情地欢迎我们，他是冰核研究人员，同意带我们四处看看。走进沉重的玻璃门后，他介绍了技术员梅雷迪思·内申（Meredith Nation），他实验室的同事。我不由自主地注意到他们两人都穿着短衣短裤。

走在通往主办公区域的狭窄走廊上，安德鲁解释了他们的研究内容。"冰就像图书馆一样，"他说道，"每一层都有一个故事。"

他告诉我们，夏天的冰层比较轻，空气也多，而冬天的冰层更暗，密度也更大。夏天的落雪不断吸收太阳的热量，把最顶层的雪烤得像舒芙蕾一样，因此，冰冻的水里的氧同位素也有一定的差异。他说，他们最担心的就是污染。切割、处理和运输冰核都有可能引入负面的影响。这些冰极其纯净，即使对着它吹口气，也有可能污染样本。解决方案是从冰核中切下"冰核"，即挖掘冰芯。通过准确测定其中的化学成分，研究人员不仅能确定每一层的年代，还可以通过冰中的污染物和冰里气泡的成分建立过去气候事件的全球图景。他说，比如铅的同位素标记可以准确反映其发掘地址。他们可以准确判断冰中的铅究竟是在什么地方发掘熔炼的。

"我们可以检测样本并凭借其独特的同位素组成判断矿石是从新南威尔士的布罗肯希尔而来，"他说，"还可以从冰里看到天空。"

"你们在找什么？"我问。"我们想弄懂为什么地球的心跳有所变化。"他回答。1920 年代，塞尔维亚数学家米卢廷·米兰科维奇（Milutin Milankovitc）提出，地球绕太阳公转的变化会改变地球接受的太阳辐射量，而左右气候规律的热量值也随之变化。根据米兰科维奇的理论，地球绕日轨道的椭圆形状——偏心率——以 10 万年为期进行循环。这一节奏中暗含一个对位点，每绕日一圈，地球的倾斜度便会有所调整，每 4.1 万年就会在轴上前后偏转。安德鲁解释道，在过去 80 万年间，大冰期都是由地球的偏心率决定的，大概每 10 万年重复一次："但我们从海底沉积物得知，100 万年前的气候变化规律与现在不同，当时的周期长度在 4 万年左右。"某种因素迫使规律发生了改变，使得偏心率取代了倾斜度带来的影响。"如果想要理解现在的行为对气候系统的影响，"他说，"并弄清楚如何适应未来的变化，我们必须弄懂 80 万年前究竟发生了什么。"

安德鲁的解释让我想到他工作中所使用的图书馆。每个样本可能都提供了惊人的准确细节和本地信息，但对他来说，它们之所以有意义，是因为它们使我们更深刻地理解了更大规模的故事。这就像是博尔赫斯的图书馆里只有一本书，一部超乎寻常的长篇巨作，一卷又一卷不断推进；或许那些冰核是碎片——寥寥几行，甚至只是几个音符——但整体则是一部绝顶复杂、长达数百万年的复节奏乐谱。

走廊边堆着一排鼓鼓囊囊的羽绒夹克。我们费力地穿上保温服，走向冰室的巨大铁门。一走进屋内，我的脑壳立刻疼了起来。严寒牢牢抓住了我的脑袋，就像几根手指深深埋进我的大脑里。吸气也很困难。这寒冷就如陌生人的凝视；它让你突然意识到身体暴露在外的每一寸肌肤。"这里的温度维持在零下 20 摄氏度。"梅瑞迪斯说。他不仅穿着短裤，还没穿羽绒服。"你肯定是习惯这种温度了。"汉娜说。"差不多吧。"梅瑞迪斯说着，耸了耸肩，"取决于你在里头待多久，还有工作速度多快。"不久后我学到，在零下 20 摄氏度，鼻黏膜也会结冰。

墙边放满了不锈钢桌，制冷系统正心满意足地哼哼着。安德鲁把我们带到角落的一张桌子前，从蓝色箱子里拿出了一件小面包大小的东西。

冰核看上去像是同时在反射和吸收光线。我将它握在手中，它在灯管发出的冷光中闪烁，但触手干燥，在闪光之下，是一种深沉的无色。它发着光，那光仿佛是从内向外迸发的，这是一扇门，能领人走进两千米深的档案馆。我感觉自己仿佛可以穿过它，下沉，进入一个灰绿色的，由寒冷、压力和古老空气构成的世界。

"这一块多少岁了？"我问道。"也就 33 岁。"安德鲁说。这让我吃了一惊，它的年龄还没有我大：我一生的故事可能已经被烤进这块面包大小的冰里。这不是会让冰川科学家感兴趣的故事，它没有把更大的星球故事的碎片缝合在一起，然而，它还是让我不由得想到冰所传达的永恒味道。仅仅是有可能握着我自己在时间中冻结的历史，就让我感到一阵亲近，其他的未来化石，都没有给我带来这种感觉。在博尔赫斯图书馆里，一部作品有无数的版本，有些版本几乎已看不出原版的模样，只是一堆毫无意义的字母堆砌，偶尔有一行能读的文字；还有一些版本和原版极其相似，几乎让人分辨不出——只是逗号放错了位置，或是有一个词拼错了——以至于这些版本会被错认为原版。或许，这就是冰所记住的我：讲述我自己故事的那本书——我自己所制造的化学痕迹——或许就深深埋藏在冰盖那无尽的六边形长廊之中，但在这本书里，或许就蕴含着与我的故事极为相似的故事，以至于无法分辨。

崩塌数千年后，亚历山大图书馆仍然是完美档案馆的象征，在这里，对知识的追求臻至绝境。然而，古代世界对图书馆的态度并非如此。藏书是流动的，它们迁移到新的环境中，并成为核心，让新的藏书围绕其发展，因此，古代学者必然觉得已知世界只有一座图书馆，不停扩张。根据哲学家米歇尔·福柯的看法，总图书馆的概念，即将知识固定收藏的场所，是现代性的创造。在图书馆中，"时间从不停歇地建造并攀登自己的最高峰"，在此，历史被想象为"世界被冰冻后的恐怖模样"。这个想象源于19世纪，这一时期的人们着迷于"不断堆积的过去"的景观。

福柯将冰川看作一种不可阻挡的进步的形象，并非偶然，但他所想象的进步却是朝着固定方向的进步，这其中或许蕴含着矛盾。总图书馆包含了所有时代和形式，其本身却是固定不动、固化不变的。我们可能以为困在冰盖里的气泡就永远固定在了那里，锁在寒冷的永恒之中；就像福柯的档案馆一般，"蕴含了所有时间，但其本身却身在时间之外，不受蹂躏侵扰"。然而，冰盖并不是上锁的房间，而是一条传送带。冰河会倾入河流，而冰盖会并入海洋；即使处在南极洲核心的冰，也在其自身庞大重量的作用之下缓缓移向海滨。就像古代世界的大图书馆一般，冰盖也在移动和变化，同时也维持着其整体性。然而，随着地球变暖，越来越多的冰以令人震惊的速度流失。参观冰核一个月后，西南极洲的英国研究人员宣布南极半岛边缘拉森 C 冰架上的大缝隙变宽了许多，以至于距海边不到 13 公里。据说，裂冰作用已无法避免。几个月后，当冰架裂开时，那冰山几乎达到了伦敦的 4 倍大小。冰川流失的故事纷至沓来，几乎令人应接不暇。在拉森 C 冰架崩塌后不久，又有消息说格陵兰以北最古老、最厚的北极冰层在当季气温升到季节平均气温 20 摄氏度后也开始崩解。

全球大部分冰川都在回缩。美国国家冰川公园的总冰量如今只稍高于 1966 年水平的一半，当时，世纪营钻探项目第一次碰到了格陵兰基岩。在过去 100 年间，公园失去了 120 多座冰川，有可能在 21 世纪中叶失去公园内所有冰川。冰层流失是一系列反馈循环所致，融化后的冰会进一步促进融化。其中一个反馈循环是反射效应的减弱：新落下的雪会反射太阳辐射，使其远离地表，而水（由于表面较暗，反射率远比雪要低）则会吸收辐射。在北极，当太阳辐射最大的时期与初夏重叠，冰盖表面会出现暗白色的冰泥，甚至是暗色的融水湖，由此形成了深坑，仿佛冰层也在给自己钻洞。这种大排水洞叫作"冰川锅穴"，可以深及基岩，使融雪在冰盖四处渗透，在底部涌出，给冰川入海的过程提供润滑。远处森林火灾和工业活动的沉积煤灰甚至形成了小颗粒，并造成小范围的高热量区域，给细菌和植被提供生长环境，使得冰层变得更暗。实际上，冰川的信息不是在其完全融化后才遗失殆尽的。表面的融水可以穿透冰层，改变准确排列的冰层里的化学信息，对其记录造成不可恢复的影响。

根据冰川历史学家马克·凯里（Mark Carey）的说法，冰川的处境和濒危物种相似，就像对待濒临灭绝的动物一样，我们可以采取一系列措施将曾经储量如此丰富的物质留存一点下来。2016年，联合国教科文组织开展了冰川记忆项目，倡议在全球各地正在融化的冰川消失殆尽之前收集并保存标本。至今，已有两条冰核得到挖掘——分别来自法国阿尔卑斯山的多姆山口和玻利维亚的伊利马尼山——并储存在离地表10米的雪窝，位于南极洲的法意康科迪亚站内。

然而，这些样本与正在融化流失的正牌档案馆相比，可称云泥之别。政府间气候变化专门委员会估计，即使气候变化不再加重，全球冰川也会流失28%~44%，其后果远甚于损失记录信息。喜马拉雅山和兴都库什山的冰原为16亿人口提供水源，到2100年可能损失1/3~2/3的体积。

全球的冰层图书馆已经成了一个破裂的圣品匣、一间坏掉的库房，储藏物直往外漏。流失的不仅是历史气候的化学痕迹。据称，北冰洋冰层中冻结的塑料高达一万亿块。随着白令海峡和楚科奇大陆架之间流动的海流，从太平洋来到北冰洋的微塑料被小冰晶收集在一起，形成碎冰晶（海面上形成的一层软冰），然后被固定在海冰之中。随着夏季冰川融化量变多，越来越多的微塑料会回到海洋中。在给人类当了多年的垃圾箱以后，北冰洋现在也成了垃圾的来源。

克什米尔那条 74 公里长的希亚振冰川是全球两极以外地区第二大的冰川；正如阿兰达蒂·洛伊（Arundhati Roy）笔下所写，它也是全球最高的战场。从 1984 年至今，印度和巴基斯坦的士兵一直在这条冰川上作战，将其变成一座巨大的垃圾场，"满地都是战争的腐物"。然而，冰川已经失去了 1/3 的质量，战场也在融化，空弹壳、燃料桶和其他军事物资在一连串匆忙的 20 世纪暴力记忆中散落各地。即使是冷战时期的冻结冰川也逃不了解冻的命运。最后一群走进世纪营的人是军事调查小队，当时是 1969 年；自此，它便被抛在一边，独自忍耐冰盖无情的拥抱。它的隧道像不健康的动脉一样变窄，然后在冰川移动中被扭曲和压垮，慢慢地漏出柴油、多氯联苯等有毒化学物质，以及灰水和放射性废料。最近的研究表明，这种有害混合物可能会在 2090 年进入北冰洋。

这些人类历史从冰层中渗透出来，混杂着冲突和傲慢，讲述着一个又一个邪恶的故事，但它们所预示的故事更令人警醒。北半球的永久冻土层中所蕴藏的二氧化碳量是大气二氧化碳量的 2 倍。随着土地解冻软化，其中 10% 的二氧化碳，也就是 14000 吨，可能在接下来的一个世纪中释放出来，其总量相当于采伐森林至今所释放的所有二氧化碳。除此之外，还有大量甲烷，储量高达 10 万亿吨，固定在一种叫作"笼形包合物"[①] 的冰晶中，埋藏在北冰洋海床下 500 米的深度。甲烷是一种温室效应远比二氧化碳强的温室气体，虽然它在大气层中只会留存 12 年，但它所造成的损失可能会延续更长的时间。如果解冻进程到达阈值，那么这些甲烷在 10 年间只要释放出 0.5% 的储量，气候变暖幅度就会增加 0.6 摄氏度，相当于从工业革命至今全部变暖幅度的一半，从而进一步促进融化，使我们更快地进入一个没有冰的世界。

如今，永久冻土层已经开始软化，从中释放的不仅是储藏已久的温室气体。2016 年的西伯利亚热浪使一只感染了炭疽病的驯鹿尸体暴露出来，将 75 年前的细菌孢子释放到空气、水和食物链中，杀死了一个 10 岁的小男孩。2 年前，研究人员从西伯利亚冻土样本中分离出了一种 3.2 万年前的"巨病毒"（因可以用光学显微镜看见而得名）。这种病毒仍有感染力（但只能感染单细胞的棘阿米巴原虫），并被命名为"西伯利亚阔口罐病毒"，得名于古希腊大口陶瓷坛，诸神交给潘多拉的就是这种大双耳瓶——也叫潘多拉的魔盒。

潘多拉魔盒的故事讲述了世界上种种邪恶的由来，它们都

----

① 又称天然气水合物、可燃冰，分布于深海沉积物或永久冻土中，是天然气与水在高压低温条件下形成的类冰状的结晶物质。

来自宙斯交给潘多拉的被诅咒的箱子。然而，全球范围的冰层溶解所释放出来的东西甚至比潘多拉魔盒里的瘟疫更恐怖。如果最差的情况成真，洪水会和旱灾一起来临，融水将让全球海平面上升，而几十亿靠冰川融水生活的人将发现他们一直以来赖以生存的水源缩减到几乎一点不剩。

2018年，南极科学家公布了一项重大发现：冰川在唱歌。

为了高效地远程监视南极的罗斯冰架，一群地震学家在粒雪层放了34枚地震传感器，固定空气并将痕迹记录到冰层图书馆的过程就是在这种半压缩的雪层中进行的。传感器显示，极地的烈风吹过表面，让粒雪不停震动，但频率低于人类的听觉范围下限。然而，如果将录音加速1200倍，便会得到一种诡异的呼啸声。科学家猜测，通过聆听冰盖歌声的变化，可以确定其融化速度，甚至预测像拉森C冰架这样的大规模冰裂事件。

在公开冰川歌声的新闻后，有一段时间，我总是不由自主地听这些声音。这古怪的声音有种机械感，这低声号泣和我在爱丁堡大学的艺术馆里看到的那个沉没的新奥尔良视频装置艺术作品的配乐很像。它有点像过去拨号上网用的猫。不久后，美国航空航天局公开了一段火星的风声，是洞察号火星探测器录下的。这是人类第一次听到火星表面的声音，但冰盖深处的嗡鸣听起来远远比它更像异星之声。

在邪恶之物逃出潘多拉的魔盒后，底部还剩下薄薄一层希望。我想，或许这就是希望所在。这首诡异的歌比任何演讲或报告都更有力地说明冰川正处于危险之中。在人类历史记录中，罗斯冰架和火星录音都是独一无二的，然而，由于被公之于众，每次有人点击、播放、点赞和分享这些录音，它们都被一次又一次地复制了。当冰川为自己的融化唱起哀歌，谁又能无视这样的警告呢？但每一次重播都为冰川加速融化贡献了一份小小的力量。短短几个月内，YouTube 上冰川歌唱的视频就被播放了 3.2 万次，每一次都留下了一条电子足迹，被储存在一个匿名数据中心里。

与互联网记录我们生活细节的惊人能力相比，冰川之歌的播放次数几乎可以忽略不计。每小时都有 400 万小时时长的内容被上传到 YouTube。每分钟，谷歌会处理 380 万次搜索，手机用户发出了 1300 万条短信，Netflix 会员则观看了将近 100 万小时的内容。每 60 秒，人们发表 47.3 万条 Twitter 和 300 万条 Facebook 内容，包括 13.6 万张上传的图像。总体而言，仅仅在两个社交网络平台上，用户每天都会发布 6.45 亿条状态，每个月上传 60 亿张图像。云的概念让我们相信我们的数据被储存在一个虚幻缥缈的空间里，在地球之外轻柔地飘浮着，但实际上，数据总要被储存在某个地方。互联网提供了令人难以置信的联结，却掩盖了它无法离开地面、高度耗能的真相。在互联网上流通的每一条信息，从政府报告到迟到者匆匆写就、充满错字的道歉短信，都储存在全球各地的 840 万个数据中心里。我们的电子足迹不是被储藏在冰块的气泡中，而是在炎热且高耗能的大量服务器中。就如人类制造的所有塑料都仍然存在于世上，无论其形式或功能多么微不足道，每一次无聊之下的好奇搜索、冲动消费或随手拍的夕阳（没加滤镜！）都储存在某个地方的电脑硬盘里。

就像河流般永不停息地流入冰层里的大气和化学足迹一样，互联网也是一个一视同仁的档案馆，记述了我们的人际关系，热情、执念和乍现灵机。实际上，即使冰层图书馆已经准确得令人难以置信，与互联网所记录的生活细节相比，它仍然相形见绌。我在安德鲁的实验室里握住的那块冰只能粗略地描绘我所留下的踪迹，但互联网巨细无遗地记录了我生活中最重要的时刻，被固定成为一段段二进制代码和光脉冲。至少，它记下了其中一些。互联网记录的量虽然丰富，范围却极其狭窄：90% 的线上数据都是在 2016 年后产生的。而冰盖拥有漫长的记忆，充满耐心地记录着全球气候的种种微妙变化，持续了成千上万年，相比之下，互联网不过是一次短暂的闪光。

储存如此大量的信息需要消耗大量的能量，其中大部分都作为热量散失了，同时，这还需要强力的空调系统，避免数据中心过热。数据中心所消耗的能量总量占到全球年度能量消耗的 3%。虽然谷歌这样的公司已经把大部分能源转成了可再生能源，但行业中大部分公司在这个层面依然落后，总体而言，该行业占了全球碳排放总量的 2%。即使未来某一天，电脑终于过热，我们所积累出的这座令人难以置信、让人眼花缭乱的图书馆从此散失，我们的数据依然会以碳分子的形式在大气层中留存几千年，把整个星球包裹在一层温暖的空气中，使越来越多的冰层流失。

然而，讽刺之处不止于此。最活跃的互联网中心有不少位于海滨城市，如纽约、伦敦、阿姆斯特丹和东京。网络提供的互联性取决于这些城市的安全，而这些城市有一些离海平面近得堪称危险，另一些则建立在填海造出的陆地上。我们对数据的需求促进了全球变暖，可能毁灭一个档案馆的大洪水也让另一个档案馆岌岌可危。

无论收藏了多少美妙的故事，每一座图书馆同时也讲述着损失的故事。一部作品保住了，同时有更多的作品佚失。因此，博尔赫斯的奇妙图书馆最吸引人的就是它记录了某事某地的所有可能。然而，"巴别图书馆"的讽刺之处正在于其完整。这座图书馆如此完美，以至于再加入新的馆藏已不可能。

当冰川融化，我们不仅失去了过去的踪迹，还失去了未来可能的模样。

论对冰川的爱，无人能比得过约翰·缪尔（John Muir）。冰川蕴含了他对野外之美与神秘无法压抑的热爱。然而，他之所以最爱冰川，是因为它们同时还缔造了他为之深深着迷的荒野。在 1871 年发表于《纽约论坛报》上的第一篇公开作品中，缪尔——他未来的作品将催生美国第一座国家公园的落成——描述了他在约塞米蒂谷摘花时找到的一本被丢弃的书。"污渍斑斑，风吹雨打之下。"他写道，这本书的封面像埋藏此书的雪一样融化了，但里面的书页还可以阅读。缪尔宣称，约塞米蒂谷也与之相若：它的"花岗岩页"像书一样，已经损坏，但"仍然精彩无比地记叙着已经消逝的冰川曾经伟大的踪迹"。在缪尔看来，冰川不是图书馆或档案馆；它们是笔，将世界书写成如今的形状。他把冰川视作铁壁，而非仓库，它是工具，在他所爱的景致上写满"已经模糊的冰川篇章"。冰川给缪尔上了更大的一课，多年以后，在阿拉斯加旅行时，他写道："世界虽已铸就，但仍在造就中……造物的过程蕴含无尽的韵律与美。"

当年缪尔肯定想象不到如今冰川流失的规模。即使真能看见冰川消融的证据，他所亲眼见过的冰川肯定仿佛已经定下了拥有全新形态和崭新展望的未来，只是这新世界的时间尺度之大，只有在想象中才可触及一二。然而，我们却没有这样的笃定。上一次冰期约在 2 万年前到达顶峰；自此，地球便进入了照射周期的低点，北半球所接受的太阳辐射变少。一般而言，这意味着新冰期的来临，冰层开始缓慢但不可阻挡地累积，直至几千米厚，当年正是这样的厚冰切割出了欧洲和北美如今的山峰和谷地。然而，在过去 80 万年里，大气二氧化碳浓度达到了 260ppm，新冰川周期迟迟不来，自工业革命以来，二氧化碳浓度更是达到了 280ppm，并且还在上升。

部分科学家预测，这可能扰乱了冰川周期。2010 年，一队冰川科学家对三种碳排放情况进行了计算机模拟。如果人类活动造成的碳排放总量到达 5000 亿吨，北半球生成新冰盖的时间将延迟成千上万年。两倍于此的碳排放量将进一步延迟冰期，但如果排放量三倍于此——也就是 1.5 万亿吨——预测显示，下一次冰期将延后 10 万年。

古气候学家威廉·拉迪曼（William Ruddiman）甚至提出，人类社会已经从本质上影响了冰期的规律。根据"拉迪曼假说"，二氧化碳浓度从 8000 年前便开始升高，在此 3000 年后，甲烷浓度也开始上升，其背后是人类农业与伐木的综合影响。刚开始，变化十分细微，仅限于欧洲南部森林区小农耕群体的"刀耕火种"，然而青铜时代犁的发明和牛、马以及水牛的驯化将这种新的生存方式扩展到了整个欧亚大陆。

同时，1000年前，中国开始伐木，3000年前，稻米种植的灌溉技术在东南亚及恒河流域得到普及。拉迪曼称，仅1000年后，现代的主要粮食作物已经开始得到培育。富余能量导致人口爆炸，耕犁所及之处，城市如影随形。伐木减少了二氧化碳吸收量，稻米田里满是腐败的植物组织，成了新的甲烷来源。拉迪曼估计，这一切造成的整体影响就是温室气体在不知不觉间增加，这在前三个间冰期都是前所未有的。冰核记录确证了他的估计，在过去40万年间，这些气体的含量与太阳辐射的强度共同波动，冰川也随之扩张或收缩。然而，在农业时代的起始与工业革命之间，人类活动使大气甲烷含量额外增加了250ppm，大气二氧化碳含量增加了40ppm，这一波动已经足以延缓下一次冰期的来临。

拉迪曼的论点饱受争议，也受到一些科学家的质疑，他们认为这一假说是无法证明的。但如果他的假说是正确的，那么上一次冰层收缩所创造的世界——我们的世界、艺术与写作的世界、城市生活与海洋旅行的世界——取代了本来应该来临的世界，至少从它那里褫夺了80万年的时光。这一假说意味着，自人类社会形成的那一刻开始，塑造大陆、调控全球气候达数千万年的节律便已遭到破坏。若不是因为大气中多余的二氧化碳，地球可能已经进入了新的冰期。若不是因为节律被破坏，一个与现在大相径庭的世界，一个重新被冰层雕刻、布满不可见的山谷的世界，本已在降临途中。

当然，移山塑海的漫长过程没有停滞。冰期的回归只是被延缓，而不是被抵消。然而，即使冰层在收缩，我们也已经看见新世界正在形成。温带雨林在阿拉斯加冰川曾经的边缘生长，此前，那里的地表已有几千年未见天日，南极陆地的边缘露出了窄窄的绿意。假以时日，这些新的绿化区域会成为未来化石的源头。在前往极地的路上，斯科特探险队穿过了比尔德莫尔冰川，在巴克利山下的砂岩断崖处找到了煤层和植物化石。在日记里，他写道，里面"有一块煤印着一层层美丽的叶子"。斯科特与队员冻结的尸体被找到时，化石样本就在他们身边。这块化石已有 2.5 亿年，证明南极曾是横覆南极与赤道的冈瓦纳超大陆的一部分。如今埋藏在几千米厚冰层下的陆地曾经欣欣向荣，洋溢着生命的气息，随着南极附近的空气与水逐渐变暖，生命也渐渐回归。1950 年代每年生长 1 毫米的南极苔藓如今的生长速度已经是当年的 3 倍，一种预测假说称，21 世纪末，南极将出现 1.7 万平方公里无冰的陆地。

然而，在其他地方，被上一次冰期塑造的轮廓不会更新，而本应被冰层刻出的新谷地也不会出现。在冰川之书中，即使是失落的冰层也讲述了一个故事，关乎未被书写的陆地，以及一个未降生的世界。

离开 IMAS 的冰核实验室时，我沿着小船坞走向新旧艺术博物馆（MONA）的接驳渡轮。我和家人约好在德温特河边的新旧艺术博物馆会合。埃莉说，霍巴特竟能找到世界级艺术馆，或许很令人惊讶，但 MONA 把高端艺术的严肃和澳大利亚的粗口解说结合在一起（参观者若想听听语音解说里关于某个艺术品的资料，就得按下"打艺术飞机"的按钮）。博物馆的专用渡轮线条光滑、风格独特，船体是灰色迷彩涂装，与"南极光"对比鲜明。若有意，乘客可以在玻璃纤维羊群里找一头坐着，享受旅途。广播系统里，大卫·鲍伊的《火星上的生活》（*Life on Mars*）流淌而出。

渡轮逆流而上，经过炼锌厂和科技园，我坐在船头的高脚椅上，记录着我与冰核的邂逅。1774 年，刚看见南极大陆上那诡异的白色悬崖，詹姆斯·库克船长便说，面前这片未知大陆可能从创造的第一天起便覆满了冰雪。然而，其他早期探访者察觉到，这片大陆还有隐藏的历史。"于是，我们转身离开了南极洲的神秘，"1892~1893 年邓迪南极洲探险随队的 W. G. 伯恩－默多克（W. G. Burn-Murdoch）写道，"那白色裹覆的许多秘密仍未被解读，仿佛我们站在讲述了过去与事物初始的一卷卷古书前，却不开卷阅读。"自 20 世纪中叶开始，冰核科技所带来的种种知识打破了这种认为冰是脱离时间的零点的认知，并翻开了那些盲目的书卷，揭露出令人难以置信的气候与人类历史记录。然而，由于我们的种种疏忽，这些无尽的书页被一页一页地撕去。

博尔赫斯的图书管理员提到一群狂人在长廊里横冲直撞，毁掉无意义的书本；他平静地指出，然而，图书馆如此广袤，无论如何，这也是人力所丝毫不能及的任务。在故事的最后，他说自己寄希望于这不可亵渎的档案馆。"图书馆会存续下来，"他语带肯定，"亮堂，孤立，无限，一动不动，存放着珍本，无用，不会腐败，充满秘密。"我们也可以像这样心怀满足。毕竟，冰不会全部融化。锁在南极大陆冰封的中心的冰层十分安全，气候变化甚至有可能让东南极大陆降雪增加，从而使得此地的冰量增加。然而，这种侥幸心理已经被证明代价巨大。据说，亚历山大图书馆是被烧毁的，但学者提出，它的结局没那么轰轰烈烈。在罗马帝国衰亡后，没有人再照看这些脆弱的莎草纸或制作新副本。亚历山大图书馆是在忽视中消亡的。

我到了MONA，听家人说他们今天的经历，以及孩子们对博物馆和莫森小屋的看法。或许，我还是从冰的角度看待事物，但这里的许多艺术品都让我想到无常。有一座小瀑布在奔流的落水中塑造出一个个单词，随即消散，还有一个装置艺术里有一张图伦男子的头的照片，这个铁器时代的人的尸体保存在日德兰的泥炭沼泽里，在 1950 年被发现。旁边的标牌告诉我，身体的其他部分在从沼泽里拉出来的时候融化了。

我们逛着展览，直到开放时间接近结束，不得不离开。在埃舍尔式的室内空间转最后一圈时，我钻到之前没注意的侧室里去碰碰运气。它比别的画廊要小，呈方形，大概 30 英尺长。房间正中放着几张浅色的木桌，墙上闪闪发光的白色书籍从地板直摆到天花板。整个房间如生石灰般闪着光。

每一个封面、每一条书脊都空无一物；每一页书页都雪白如新。

CHAPTER

05
美杜莎的凝视

我们数百人被困在了狭窄处。直升机在头顶盘旋，一对半潜式设备在波光粼粼的水面逡巡。我带着女儿和儿子穿过混乱的人群，缓缓前往跳台，突然，一个想法如石头一般穿过我的脑海：在这里，就在这里。

在澳大利亚的这段时间，我想让孩子们看看大堡礁。有段时间，我以为我们要失望而归了。一场风暴正从天堂吹来。出行前一周，一股热带气旋正从珊瑚海席卷而来，乘着低压和海面高温的浪潮，向昆士兰海岸扑来。来往航线全部取消，成千上万人被疏散，以避开时速270公里的台风。幸而风暴减弱，台风登陆造成的损失没有想象中那么大，风暴在最后时刻向南偏移，在无人居住的海岸登陆。然而，滔天洪水随即而来，淹没了昆士兰南部的大部分地区和新南威尔士北部的小部分地区。

几天后，我们亲身体验了台风登陆的惊人威力。我们离开布里斯班，前往凯恩斯港口，准备从那里启程前往大堡礁。短短几分钟，仿佛就下了几寸深的雨。我从没见过这样的豪雨。站在室外才几分钟，被雨淋得发痛，像被困在了硬币飞舞的狂风之中。我们一直在关注热带气旋的前进路线，得知没有人丧生于此，才松了口气。接下来几天里，14人在洪水中丧生。回顾当时暴风的走向，我们仿佛是在最后关头才奇迹般地逃出，我们满怀感激，开始掂量大堡礁之行是否还能成行。之前当狂风将大海搅弄成浑浊黄汤时，所有观光活动都被叫停了。

然而，我们准备出行的那天，天气却无比完美：天空一片湛蓝，万里无云，水面风平浪静。我们的目的地是阿金库尔（Agincourt），一个位于奋进礁（Endeavour Reef）不远处的带状外礁。当年，库克的远征队于1770年6月11日在这里搁浅（陪同库克出行的植物学家约瑟夫·班克斯记录下了船员为避免船身受损，将所有压舱物扔到了礁石上，其中包括6架大炮）。由于那场暴风雨，我们的观光游是几天里的第一次活动，许多原先预约被取消的人都挤进了我们这场观光。船上总共挤了400多人。

船上的休息室里充满了兴奋的对话和茶杯碰撞的轻响。穿着礁石花纹制服的船员在人群中穿梭，询问人们是否需要水下相机出租服务和半潜水艇的观光服务。喇叭里，船长熟练地讲解着安全信息，包括穿防蜇服防范水母的益处，以及在外礁遇见咸水鳄的可能性（不高，但没你想的那么难）。到达目的地后，我们会登上专门建造的浮台，上面还有水下观光平台，可以享用自助餐。活动安排得高效流畅，人们在控制得巨细靡遗的活动中邂逅了全世界管理得最糟糕的生态系统。

大堡礁正在经历多年以来第二次大范围白化事件。超过90%的珊瑚在第一次白化中受到影响，其中29%左右死去；还没来得及恢复，大堡礁就陷入了第二次白化浪潮。有些海洋生态学家称这是他们见过的最严重的一次，这次危机甚至可能会让整个珊瑚礁濒临崩溃。

当我们靠近大堡礁时，这些信息充满了我的脑海。当然，这其中有一部分是因为等待热带气旋登陆所带来的压力，还有一部分是因为我们这次观光差点又要被取消。然而，时间过得飞快。我有机会得见世界上最丰富、最不同寻常的生态环境之一，这样的机会未来可能不会再有。

刚刚登上浮台，现场就变得一团乱，400多人各自寻找尺码合适的潜水服、脚蹼和呼吸管。我的孩子们一想到水有多深就焦躁不安。我们穿着黑色氯丁橡胶潜水服，排队等着登上钢铁潜水台，进入水下。

一声白噪音在耳边爆发，随后，你突然就进入了一个令人惊奇的、寂静的蓝色世界。

头部圆钝的石斑鱼在周围没精打采地漂浮着，懒洋洋地等着定时投喂。黑白相间的斑马鱼和蓝色的小热带鱼就像小小的电刀一样，游到我手指的方寸以内，又闪电般地溜走。幻彩荧光色的鹰嘴鱼在我们笨拙摇摆着的尼龙脚蹼周围上下翻飞。我的儿子在水里麻利地翻着筋斗，像一只鼠海豚，我看见我们身下的珊瑚长着杂花的斑点：大片闪亮的骨白色夹杂在温暖的棕色和耀眼的蓝色与粉色之间。

突然，我的女儿弄掉了塑料呼吸管。我试着去抓，但没抓到，只好看着它慢慢漂到我够不到的地方。我仔细看了看，发现附近的海沙床上还有别人弄丢的呼吸管。每根管子都诡异地发着光，就像一支支断裂的活珊瑚。

自从来到悉尼，我们便浸在 40 摄氏度的热浪中，听到种种对珊瑚礁未来的悲观预测。但不是所有人都对此忧心忡忡。我还另外听到一个大新闻，据说在昆士兰南部的加利里盆地找到了一座新的大型煤矿，接下来 60 年可以出产 6000 万吨煤炭。科学家和活动家虽然大声疾呼，决策者却似乎陷入了狂热。到达后一周，后来当选总理的澳大利亚国会议员斯科特·莫里森（Scott Morrison）在国会展示了一大块煤炭。"这就是煤炭，"他扬扬得意地说，"别害怕。"

实际上，大堡礁并不是一片珊瑚礁，而是一整片弧形区域，里头有超过 36000 座独立珊瑚礁，从最北部到最南部，绵延 2300 公里。北边，大堡礁呈狭窄的半连续屏障形状，向南变成较宽广的分散性点礁。它看上去是一个整体，但实际上是由许多较小的珊瑚礁组成的，从时间流变的尺度看，大堡礁也经历了从整体到分散的过程。它是全球最古老的连续生态系统之一，但现在的大堡礁只是许多代生物中的最新一代，此前的每一代珊瑚彼此堆叠，像古代文明一般。第一层或许是在 50 万年前形成的，但最上面一层，也就是现代珊瑚礁，大概在 900 年前开始形成。珊瑚虫是地球上的建筑工人，不断地在老珊瑚的化石上建造新的结构。大堡礁是唯一可以从太空看见的活物，也是世界上最大的活体结构。1500 种鱼类、4000 种软体动物、几百种不同的鸟类和 30 多种鲸都依赖大堡礁觅食栖居，繁衍生息。全球 25% 的海洋生物都依赖珊瑚礁系统生活，而所有珊瑚礁加在一起，也只占据海床面积的 0.1%。然而，这些绿洲正面临莫大的威胁。全球的珊瑚礁都在死去：由于气温上升而白化，被不断上升的海平面淹没，同时，由于海水中溶解的碳酸增多，它们也无法获取建立水下城市所必需的碳酸钙。

珊瑚虫是一种细小的软体生物，从本质上说，就是一个胃泡顶着一圈纤细的、手指一样的触角，它们和一种可以进行光合作用，叫作黄藻的藻类共生，借此得到养分。黄藻同时也让珊瑚变得五彩缤纷，从蜜棕色到桃子色，到种类繁多的灿烂的黄色、蓝色与粉色。然而，当水温过高时，珊瑚就会排出共生生物，吐出海藻，失去夺目的颜色，只留下光秃秃的饥饿的骨架（确实如此，没了共生生物，珊瑚就会挨饿）。濒死的珊瑚会呈现一种骨白色，然后慢慢褪色直到变成死气沉沉的灰色。

除了海水变暖造成的漂白效应，海水中的化学成分也会对脆弱的珊瑚造成影响。燃烧化石燃料排放出的二氧化碳中，有1/3被海洋吸收——重量在1200亿吨左右。二氧化碳溶入水中就变成了碳酸。如今，全球海洋的 pH 值已经下降了 0.1，数字看上去不大，造成的现实影响却十分严峻。pH 值是指数值，0.1 的差异就意味着酸度上升了 30%。珊瑚要用碳酸钙制造结构；而甲壳类动物，包括海洋食物链底端的磷虾，也需要碳酸钙制造甲壳。碳酸越多，水中溶解的碳酸根离子就越多，珊瑚礁和甲壳类动物也就无法得到足够的原料。这一改变基本上是不可逆的，至少从人类的时间尺度看是不可逆的。要在几万年后，海洋的化学状态才能回到工业化之前的水平。

珊瑚还面临着其他威胁。珊瑚虫必须不断建造结构，才能保证它们与水面的距离足够近，从而使表面得到阳光的照射。如果海平面上升使珊瑚礁表面沉到光合作用区以下，珊瑚礁里的黄藻就不能进行光合作用，珊瑚虫也会随之饿死。换句话说，珊瑚礁是会被淹死的。它们也会感染经水传染的疾病，而水温上升会使得这类疾病更容易传播。热带风暴正变得越来越频繁且激烈，这也会让脆弱的珊瑚礁受损。同行的一位海洋科学家告诉我们，像黛比这样的热带气旋卷过珊瑚礁表面时，力道和被推土机碾过相当。

我清晰地意识到，我们的珊瑚礁之行带有一种不祥的味道，"趁它还在，去看一眼"已经成为人们造访脆弱生态系统时习以为常的借口。然而，亲眼看见可能是衷心相信的前提。我希望我的孩子可以看一看这世界级的奇迹，但我也希望他们能切身意识到它已经变得无比脆弱。至于我自己，心态可能是最残忍的，我希望看一眼正在形成的未来化石。我所找到的大部分未来化石还要几百代人以后才能形成。海平面上升的速度很慢，大部分海滨城市还有许多个世纪的时间可以慢慢适应；我们在垃圾填埋场里丢弃的无数物品在几十年里都不会有丝毫变化。然而，除非人们采取了有效举措解决全球海洋经受的损害，否则大部分珊瑚将在我们这代人还在世时就死去。在我们这一辈，我们可以看见它从全世界最大的活体系统变成一座死石头堆成的山。

在大堡礁之行中，我们被提醒不要去触碰珊瑚，因为人类的碰触可能会对珊瑚造成伤害，带去细菌或者弄掉重要的藻类。另外，珊瑚也非常锋利，受伤可能会导致感染，甚至造成败血症。确实，纵观人类历史，这迷惑人心的、活物和死物的混合体已经侵入了我们的想象，创造出热病般的幻想和美轮美奂的梦境。

古希腊人认为珊瑚是植物，一接触空气就会石化。在奥维德的《变形记》中，英雄珀尔修斯在海岸上休息，他刚刚打败了威胁要吞噬掉自己的新娘安德洛墨达的海怪。他身旁放着之前胜利之战留下的纪念品：蛇发女妖美杜莎的头颅。她的目光可以把任何活物变成石头。珀尔修斯洗掉手上沾染的蛇血时，蛇发女妖的蛇发周围，植物开始硬化成石头。"即使今天，珊瑚也还保留着这个特性，"奥维德写道，"接触空气即会石化。"

在后来的作家眼中，珊瑚似乎也有种令人如堕梦幻、变换形体的能力。"他以珊瑚为骨，"在莎士比亚的《暴风雨》中，阿里尔用歌声描述溺毙的那不勒斯国王，"他不曾减损分毫 / 只是蒙受了海洋之变 / 化作一物，奇异而丰沛。"1646 年，英国古文物研究者托马斯·布朗（Thomas Browne）质疑"珊瑚在水下柔软，暴露在空气中则变硬"的说法，并提出波埃修斯（Boethius）在水下 1 英寻 ① 处处理珊瑚的实验表明，珊瑚之所

---

① 英寻，海洋测量中的深度单位，1 英寻 =1.829 米。

以"凝固"，是"盐使物体凝固的特性，以及海里的石化液所致"。布朗称，一位奉命潜到水下 100 英寻（超乎极限的 180 米深）观察珊瑚是软是硬的人双手各拿着一支珊瑚回到水面，"这珊瑚在水下和在空气中都一样坚硬"。然而，认为珊瑚在水中是植物，出水变成岩石的观念一直延续了下来，直到查尔斯·达尔文推断庞大的珊瑚礁——"如山一般的石头"甚至超过了"金字塔的巨大规模"——实际上是小小珊瑚虫的造物。

珊瑚让达尔文深深着迷，他正是靠着能看一眼珊瑚礁的希望，才熬过了小鹰号航行旅途、暴烈的太平洋风暴和长期缠身的病痛。"海上每一个浪头我都恨。"他如此声称，但一想到珊瑚，就"足够让我欣喜若狂"。

同样，在保罗·克利（Paul Klee）梦幻般的画作《沉默之境》（*Sunken Landscape*）中，珊瑚提供了许多喜悦。画中充满了璀璨鲜艳的色彩。枝丫横生的血红色和叶绿色结构起伏舞动，尖锐蜷曲，就像我和孩子们在阿金库尔看见的珊瑚花园。这是将生命翻转的幻想：图上甚至还有一朵倒生的雏菊从上缘垂下，就如一朵花状的太阳。画面洋溢着欢乐，充盈着活力——只有一个细节例外。仿佛是雏菊太阳的黑暗双生子，一轮黑色的太阳略略歪挂在画面的中间。由于感染艾滋病毒而渐渐失明时，德里克·贾曼（Derek Jarman）写下了一本彩色回忆录《色度》（*Chroma*），在书中他写到每一种颜色都有其自身的时感。"正在逝去的世纪是常绿色的。"贾曼观察到。"红色爆炸并吞没自己。蓝色则无穷无尽。"然而,潜藏在"蓝色天空背后"的,是"无边无垠的黑暗"。虽然色彩绚丽,形态雀跃,但当我看着克利的作品时,吸引我目光的总是那密密麻麻的圆圈。它仿佛将周围所有光线和颜色都吸了进去,如同漩涡般吸引着我的注意力。

第一次看见《沉默之境》时,我年近30,正在攻读硕士学位。我们班正在读德里克·沃尔科特(Derek Walcott)的《奥美罗斯》(Omeros),相当于加勒比版本的《伊利亚特》和《奥德赛》。无论从什么角度看,这都是一首不朽的长诗,受到了经典诗作史诗般的浪潮拍打,深受大西洋奴隶贸易闪耀的历史的影响。沃尔科特笔下现代的荷马英雄阿喀琉斯非法潜水打捞贝壳,卖给旅客。他把混凝土块绑在脚踝上,沉入无声的世界,那里满是他被谋杀的先祖如珊瑚般的骨骼,当年,先祖有如无用的压舱石一般,被人弃如敝屣地在中央航线上扔下。他感觉自己的皮肤开始钙化。后来,阿喀琉斯在离岸20英里的地方打鱼时中暑,于幻觉中重走了中央航线,经大西洋海底,从非洲走到加勒比,"走过广袤的珊瑚原野",就如"一片巨大的骨骼墓地"。

如今,这个比喻成了写实;原野自己成了墓地。沃尔科特想象中的珊瑚林在过去50年间经受了重重打击,平均减少了

50%；在极端个案中，某些加勒比珊瑚礁缩小到原来的 10%。过度捕捞、过度开发海滨、污染、疾病、飓风和一连串白化事件都在这一过程中有所"贡献"。即使是海面 30 米以下的深层珊瑚，也很容易受到沉积作用和拖底渔网的伤害。加勒比海大部分的鹿角珊瑚都已经消失，石块般的废墟已经覆上了一层泥浆。

在课上讨论这一段诗作时，我们的导师让我们去看墙上克利画作的复制品。"当我读到这段诗作时，"他说，"我总是想象自己就在画里。"在阿金库尔潜水时，我想起了他的话和那幅画，又想起了在克利所想象的缤纷世界里穿行的感觉。然而，等我们从大堡礁回来，再次看到那幅画以后，我才发现画面前景里那白色的珊瑚，在炭黑色的海底太阳阴影下影影绰绰地冒了出来。我知道，认为克利预见了我们对化石燃料的痴迷将招致珊瑚礁的毁灭的这种想法是痴人说梦，但我还是转不开眼睛。如今在我眼里，他的画作就像一个恐怖的未来景象，使我不由得呆若木鸡。

古典学者简·艾伦·哈里森（Jane Ellen Harrison）把蛇发女妖看成一种邪恶之眼。"它靠眼睛杀戮，"她写道，"令人深深着迷。"那些看了它一眼的人，都被其凝视吸引，变成了石头。

据奥维德所写，珀尔修斯是在倾盆金雨之中怀上的。

他拎着美杜莎的头，穿着生翼的凉鞋，回到赛利佛斯岛（Seriphos），"在广袤天空中被敌对的风推着，像雨云般被左推右揉"。珀尔修斯在地面上寻找藏身之所，直到他在逐渐黯淡的光线里来到了泰坦·阿特拉斯（Titan Atlas）的王国。奥维德告诉我们，泰坦的身量"超过了所有凡人"。泰坦是个偏执狂，深信预言，认为某天会有一位旅人洗劫他宝贵的花园。珀尔修斯恳求庇护，但残暴的阿特拉斯拒绝了他的请求。挣扎之下，无法打斗，珀尔修斯亮出了蛇发女妖的脑袋。即刻，"阿特拉斯变成了一座巨大的山，与他先前伟岸的身躯相比毫无减损"。他的肩膀成了石头，头和肩膀变成一道巨大的山脊，驮起了整个天空的繁星。

希腊语中，珊瑚被赛普西丝的麦特罗多鲁斯（Metrodorus of Scepsis）命名为 gorgia，其名来源于高尔吉斯（Gorgias），一位帖撒罗尼迦的演说家，活到了 109 岁。他和珊瑚看起来都饱受时光冲刷。这一联想持续多年：林奈（Linnaeus）给角珊瑚起名叫 gorgonia。然而，蛇发女妖是希腊神话里的古代角色，在罗马时期的奥维德写下优雅故事的前几百年，就已经出现在原始仪式里了。在希腊艺术中，gorgoneion（装饰希腊盾牌的蛇发女妖标志就叫这名字）十分独特，它正面对人，而不是以侧面示人。它怪诞的脸上，一张嘴狞笑着，舌头扭动，目光足以杀人。

或许，现代最著名的 gorgoneion 就是克利的《新天使》（*Angelus Novus*），这是 1920 年的一幅水彩速写作品。画中描绘了一个抽象天使的形象，苍白背景下，一张完整的面容有着突出的双眼，巨口大张，牙齿锋利如刀，一团头发摇摇摆摆地卷动着，双手高举，指向天空。那凝望的双眼里，瞳孔是一个深邃的黑点。1921 年，瓦尔特·本雅明花 1000 马克买下了克利的作品。他将画作收藏在家里 12 年，直到 1933 年逃离纳粹德国。1940 年春（同年，克利去世），在本雅明于西班牙边境自杀前几个月，画中的天使又回到了他最后的传世之作里。他杰出而隐晦的《历史哲学论纲》（"These on the Philosophy of History"）将克利笔下的天使比作"历史天使"，着迷于足边如废墟般堆砌着的历史悲剧景观。本雅明拥有西奥多·阿多诺（Theodor Adorno）所说的"美杜莎的凝视"，他所调查的所有事物都如点石成金一般变成了神话之物。Starren 一词在德语中原指凝视，真切地进行观察，但该词也有变硬或石化的意思。天使被面前不断发生的灾祸石化，但他的凝视同时也会让看着他的人变成石头。我们不得不在其中搜寻本雅明在那震惊的表情中所见景象的蛛丝马迹，究竟是什么意向预示着我们所转身背向的未来，发展的里程碑早已变成破损的石块，高高堆起。

　　珀尔修斯的目光被阿特拉斯的花园繁茂兴荣的景象吸引，

同样，大堡礁的规模和丰富之处也让我们深深为之着迷；就如阿特拉斯一般，大堡礁一旦死去，也会留下庞大的身体，可以存续几十万年。由于规模庞大，死珊瑚将变成石质的纪念碑，记叙着一去不返的生物多样性。未来的旅客还可以像我们一样，游过死气沉沉的珊瑚礁，但他们肯定会比我们身处更深的水下。宇航员将在太空轨道上看见它们。假以时日，一部分珊瑚礁将在酸化海水里溶解，但大部分仍将保存下来，因为不断上升的海平面不仅会埋葬上海和纽约这样的城市，还会将死珊瑚覆盖在厚厚的沉积物之下，这正是加勒比海在发生的事。珊瑚虫不再建造它们那越来越高的城市，留下的废墟将沉入泥下。仅100年后，海面就将再也看不见废墟，科学家可能会探访该地，获取沉积岩芯，并从中了解珊瑚之城曾经支撑了多少海洋生命，又是被什么杀死的。

日后，若海洋环境恢复，珊瑚礁可能会在大堡礁重新生长，就像它曾经在死珊瑚上长起来一样。若真如此，那么几百万年后，包裹并保护了死珊瑚的泥质沉积物本身将变成礁石的中断处——两段碳酸钙之间的地质界限。我们可以在海洋核心上标志着古新世 – 始新世极热事件（PETM）的部位看到类似的空隙。5500 万年前，全球平均温度上升了 8 摄氏度。海洋吸收了大量额外的碳，从而迅速酸化。钙化生物体从化石记录中消失，取而代之的是一层红棕色的黏土。几百万年后，任何一位未来地质学家都能看到这样一层红色，就如一抹羞愧的红晕，标志着珊瑚与依赖它生存的几千种生物的消失。

有些珊瑚可以撑下来，多半是冷水品种，比如在北半球生长的那些。热带地区的珊瑚在未来某个时刻可能会重新生长，但那将是一个截然不同的世界，与今天世界的差异之大，就如同现在与早始新世的焦土之间的差异一般。在那之前，除非我们大幅度改变管理海洋的方式，否则大堡礁将变成巨大的未来化石，足有 2300 公里长。或许，大堡礁死后，仍会有人到那里旅游，就像纪念过去的朝圣之旅？我们的子孙会不会探访曾是海洋绿洲的沙漠，哀叹我们不愿采取行动？或许，他们只能转开目光，就如我们曾经所做的那样。

随着我越来越了解珊瑚礁的未来，我只感觉克利画中的黑色太阳烈烈地灼烧着我的大脑。

探访大堡礁前，我参加了悉尼大学的工作坊，主持者是伊恩·麦克考门（Iain McCalman），一位历史学家，曾写过大堡礁的历史。他知道我对此事感兴趣，也建议我参加。"我介绍你认识乔迪，"他说，"你可以看看他的珊瑚核。"

乔迪·韦伯斯特（Jody Webster）是一位研究珊瑚礁史前气候的沉积学者。后来，我到了酒吧发现，他闲暇时偶尔会在雨水沟里探索，寻找他口中的"下水道钟乳石"——就像自然洞穴系统里的钙化沉积。他带了三个珊瑚核，分别来自大堡礁的不同位置，各自代表大堡礁历史上的某个独特时期。最古老的一个已经超过了 12.5 万年，属于上次冰期开始前便死去的珊瑚系统。乔迪告诉我们，获取这个样本花了差不多 1200 万澳币。第二古老的样本有 1.5 万年的历史，属于"前全新世"珊瑚的一部分。最近一个则来自我们成长的年代。

我们传看着这些珊瑚核，听他讲当初是如何从南部的独立珊瑚礁获取样本的，每个样本又讲述了这个古老生态系统的哪些独特历史。每个样本都切成了手掌大小的片状，握在手中有种黄油似的温暖感。若说它们是用奶油塑成的，也说得过去，但它们的表面却如浮石般粗糙。小小的化石化外壳印迹深嵌在年代较久远的珊瑚核里。我拿起一个，样本密实压手，如镇纸一般。

在工作坊休息时，我对乔迪说起我对未来化石的兴趣，他便邀我去他的实验室看大一些的样本。这些古代礁石样本为我们提供了珊瑚礁生长的环境和当时气候的概况；我希望，它们也能让我想象珊瑚化石在过热海洋里所面临的未来。

在阿金库尔潜水的几周后，我敲响了乔迪在悉尼大学的办公室的门。他刚从南部珊瑚系统里一个叫 One Tree 的珊瑚小礁回来，悉尼大学在那里有一个研究站。我坐下后，他打开显示器桌面上的照片，让我看他的成果，几十张珊瑚的高清特写照片呈现在我的眼前。照片有种奇怪的安神效果——让我回想起在五彩缤纷的"花园"里漂浮的平和感觉——但照片里有大片大片发光的白色，像一团团脂肪污染了画面。第一次见伊恩时，他就鼓励我去 One Tree，那里的珊瑚状态比较完好。然而，乔迪的照片显示，当地的珊瑚也出现了白化现象。"自从我开始来看这片珊瑚，已经有 8 年的时间，这是我第一次看到这种程度的白化。"他说。One Tree 的资深科学家也说，25 年来，从未见过这种情况。

我和他说起阿金库尔，虽然在珊瑚丛里游泳感觉十分美妙，但当时节奏无比匆忙，直升机噪声不断，它们给我带来的冲击几乎和珊瑚礁带来的冲击不相上下。我小心地说，那里的状况与其让人觉得是平静的海底花园，不如说令人心生紧迫。然而，令我惊讶的是，乔迪对此不置可否。

"我们不能放弃。"他坚持到。"无论局部状态多么糟糕，也还存在许多健康的珊瑚。无论如何，"他说，"我们没有选择。"

第二天，乔迪该出发进行另一次研究了，这次研究之旅从昆士兰海滩南端到托雷斯海峡，沿着珊瑚礁边缘检查几处被淹死的珊瑚礁化石。他说，此行的目的是找到温度和东澳大利亚海流活动在过去 10 万年间的变化。"研究历史上珊瑚的死因可以让我们明白现在珊瑚为何而死，"他说，"我们是侦探：所有东西——从沉积物通量、水化学到温度——都会被怀疑。"

我们走到办公室角落几张扶手椅处，他开始解释，昆士兰海岸上的原住民已经和珊瑚礁共同生活很多年，经过了好几个气候时期。他在白板上画了一个图解。"7000年来，海平面一直十分稳定。"他说。在约2.1万年前的上一次冰川极盛期，海平面比现在低120米。海岸线延伸到珊瑚礁现在的位置，也就是大陆架的边缘。如今此处是一片浅海，被外堡礁遮蔽，而当时却是一片适于居住的平原。冰盖融化后，平原洪水肆虐，把地形复杂的谷地淹没，成了今天的帕拉马塔河，悉尼港弯曲的入水口。

"某些土著文化里还有这段时期的记录。"乔迪说。

我记下了他说的话，虽然一片已经消失的土地竟能在语言中留存这么长的时间，不免令人感到诧异。后来，我对这惊人的可能性做了些研究。一般而论，语言学家认为文化记忆只能保存不超过500年，最多800年，后人所加的种种文饰会将其中的"核心"信息掩盖，就如我们如今已不知道《奥德赛》真正的作者。然而，昆士兰海岸上的土著群落中流传着几个故事，讲述的是海岸线处于"大堡礁如今所在之处"时的过往。贡冈伊几（Gungganyji）有则故事记录了一位名叫贡亚（Gunya）的男人，他住在雅拉巴（Yarrabah）附近，也就是现在的格拉夫顿角（Cape Grafton）。他吃了一条禁止食用的鱼，众神为之震怒，抬高海面，淹没了大地。贡亚一家逃到高地，但海面再也没有回到原先的位置。这一时期的记忆似乎也积淀在语言的种种细节之中。伊丁几（Yidindji）语中，菲兹罗伊岛名叫嘎巴（Gabar），意思是"小臂"，意味着这里曾经是一个海角；岛叫作"德亚拉维"（djaraway），意思是"小山"。菲兹罗伊岛和金斯海滩间的海洋叫作姆达嘎（mudaga），指的是铅笔柏，那里肯定曾经长过这种树。这些故事和地名是一个惊人的奇迹，其记叙的地质知识是一片至少已经消失了7000年的土地。

以蛇发女妖命名珊瑚的美特若多若（Metrodorus）以记性出众闻名。然而，无论是古典学文献还是其他世界文学，都没有任何作品完成如贡冈伊几和伊丁几人民一般的壮举。他们的故事和地名颠覆了世俗认知，让我们看到不成文的语言并不是一件漏水的劣器，它可以将记忆带到遥远的未来。它们让我们看到，我们的后代可能会反过来想象史诗般的寓言，解释海平面的剧烈上升和未来可能沉入浅海的海岸线上为何会有这些正在慢慢腐烂的古怪的城市岛。

或许，大堡礁将会在语言和遥远未来的传说中作为化石流传，被时间的压力扭曲成另一种神秘的模样，但仍然留存着曾经鲜活的伟大结构的关键印迹。

上船前往新西兰前，乔迪要开一整天的会，因此他的一位博士生玛达薇·帕特森（Madhavi Patterson）便同意带我到实验室里转一转。我们走过安静的大厅，玛达薇向我说起她的研究项目，其中包括寻找导致珊瑚礁上一次白化的古环境条件的线索。可以通过多种化学手段模拟历史环境变化，但也有更巧妙的方法：把玩样本，感受质地、式样和颜色的变化。"阅读珊瑚。"她是这么称呼这种方法的。珊瑚核上带有肉眼可见的应激事件的证据。在先前几周的工作坊里，乔迪把珊瑚样本比作千层蛋糕。大部分工作量在于寻找陆源层——土壤层、植物物质，这些层次记录了珊瑚礁的死亡和被沉积物覆盖的时间。有些珊瑚核甚至还带有微小的根部。

我们在实验室门口停了下来。"我们在寻找嵌在珊瑚中的'其他环境'。"乔迪说，然后离开了。

珊瑚核保存在长长的方形房间里，远处整面墙装满了工作台。房间中央放着一张大桌子，上面放着几百个样本框。或许是因为之前提到了侦探故事和寻找线索，我立刻想到这房间就像取证室，摆着尸体，等待检验。其中一些样本是完美的圆柱形，像教堂蜡烛一样发光；其余则仿佛碎成了渣，看上去像坏掉的石膏或生面团。然而，每个框都一丝不苟地打上了标签，样本上都用红箭头标出了方向，以显示哪头朝上。

玛达薇把其中一根圆柱体递给我。"这是脑珊瑚，"她说，"12万年前死去的时候，大概50岁。"它比我的手臂还长，我担心自己会把它摔到地上。它触感粗糙，但摸起来十分舒适，它的表面有栅格状的细致花纹。这东西确实很压手，但也比我想象中轻，就像拿着一大卷蕾丝。连它在样本框里滑进滑出的声音也很好听：带着共振，几乎如音乐一般的刮擦声，仿佛这个核心是巨大音叉上的尖端。我在别的样本上看见树枝状的花纹，甚至还有贝壳的印记，就如盲文一般讲述着珊瑚与在其上生活的生命的故事。虽然十分沉重，这些样本却显得很脆弱。即使我尽力保持轻柔的动作，手上还是留下了细小的碎片。离开实验室时，我还发现衬衫上蒙了一层细细的珊瑚尘。

玛达薇对我说起她最近一次去 One Tree 时的见闻：一个玻璃可乐瓶结在了珊瑚坪里。她说，它可能已经在那儿待了5年左右。瓶子上的标签早就磨损了，但瓶侧的品牌名和瓶子的独特形状还是让人一眼看出了端倪。某天，它被人随意扔下船，然后便被珊瑚礁慢慢地埋葬——铸于石中。

另一位研究生贝琳达·达克尼（Belinda Dechnik）正在角落里忙着用显微镜检查样本。"这些都来自西澳大利亚，"她说，"不是大堡礁。那里不保护珊瑚。他们直接钻透珊瑚勘探石油。"她请我看她正在检查的东西，在台面上给我空了个位置。

我不太习惯使用显微镜，花了些工夫才调好焦距；调好以后，我仿佛掉到了月球表面，到处都是小陨石砸出的坑。每换一张样片，我眼前便展现出全新的式样和颜色，如梦幻般在视野中爆炸开来，就像劣质电影胶片上的斑点。其中一张样片充满了橙色的象形符号，就像阿兹特克的猫眼石。我呆呆地看着，深深着迷。

"这些标志，太不可思议了，"我说，终于从显微镜上抬起头来，"这是什么？"

"那是有孔虫，"贝琳达解释道，"有孔虫类，是一层层累积在珊瑚礁沉积物里的微型生物化石。"

她又换了一个样本，这次镜中显示的是死珊瑚。"这些是钻探机器人从海床里收集的，来自海床表面以下 80 米的深度。"她告诉我。别的样本令人着迷，而这些样本却让人无端有些不舒服，上面覆满了不规则的棕色斑点。它们看起来就像发霉的面包片一样。她对我提起最近一次去南美珊瑚礁取样的经历。在亚马孙河口，在能够让大堡礁珊瑚全部死亡的环境里，也有珊瑚在生长。

"在那里游泳，水里全是泥，脏得什么都看不见，"她说，"但那里还生长着珊瑚！"然而，即使在那里，珊瑚也出现了白化现象。

我又回去看珊瑚核，拍了几张照片。看得仔细些，新的细节便自己浮现出来。一块乏善可陈的长菱形块上有一片奶白色的叶子印记，横贯了整个中部；样本的一端有个拦腰截断的鸡心螺，露出了带凹槽的轴柱，螺壳正中央的柱子周围，褶皱像常青藤一般围绕卷曲。我想到那些让珊瑚学家解读出灾难性变化的陆源层：生命的印记，同样也是珊瑚死亡的标记。还有更多指纹般的螺纹；有个样本上的花纹类似正弦波，另一个样本上有一排印记，像鸟儿的脚印。我曾握在手中的脑珊瑚样本上满是针孔，就像几百张小嘴，大张着吼出凝固的愤怒。

本雅明对克利的天使的简短介绍以他的朋友格哈德·肖勒姆（Gerhard Scholem）的一句诗作为开头。"Ich kerhrte gern zuruck"，意思是"我想回头"。

世界各地都在进行种种项目，意图挽救珊瑚礁的灰暗未来。有人种植珊瑚，收集珊瑚礁碎片，在特殊的水体育苗床中进行培育，还有 Rigs to Reefs 这样的项目，改造报废的石油钻井平台，为流离失所的海洋生物提供家园。这些活动和项目带来了一丝希望，至少能把珊瑚生态系统惊人的生态多样性保存下来一部分。

在悉尼大学工作坊期间，我认识了乔迪，还亲手拿起珊瑚核样本，另外，还认识了雷娜塔·费拉里（Renata Ferrari）

和威尔·菲盖拉（Will Figueira），他们开发了通过 3D 打印制造人造珊瑚礁系统的技术。大部分人造珊瑚礁都不太成功，因为形状太过对称。报废石油钻机的交叉支脚或焦渣石堆都远远比不上珊瑚礁的精妙结构。然而，雷娜塔和威尔用真实珊瑚礁结构的 3D 图像进行打印，意味着他们可以把塑料塑造成与消亡珊瑚礁完全一致的形状和材质。只要资源足够，他们可以对整个大堡礁进行建模，变成文件储存起来，即使真正的大堡礁消亡，他们也能留下它的电子版。

雷娜塔和威尔给我们看了电脑生成的礁石图像，他们准备打印这块礁石。那是一块一平方米的珊瑚礁，像真正的珊瑚礁一样带有独特的沟壑和尖刺。通过调整图像，他们可以让我们 360 度观察电子珊瑚礁，像玩比萨面团一样翻弄旋转。他们还带了几块 3D 打印珊瑚礁的样本，就像当时的乔迪一样，他们让我们传看样本，每个人都可以亲手摸一摸它。这场景如此相似，令人有些不安，从粗糙的表面到那死一般的白色都如出一辙。然而，与真正的珊瑚礁不同，塑料复制品看起来几乎像羽毛一样轻盈，仿佛随时会飘走。

罗兰·巴特宣称，虽然有极强的模仿能力，但塑料是一种不光彩的材料：他说，无论最后变成什么形状，它都无法获得"自然界无与伦比的流畅性"。雷娜塔和威尔打印的珊瑚仿佛驳斥了这种论调，复制了现实中珊瑚结构的每一个起伏和节点，所使用的材料将无惧未来海洋的酸度和温度。然而，如果我们要用塑料重塑整整 2300 公里长的死珊瑚礁，那么不光彩的显然是我们自己。

支持人造珊瑚礁的人知道，这种方法无法一劳永逸地解决海洋暖化的问题，但他们希望使用这种技术争取让珊瑚礁再撑一段时间，给我们留下解决暖化和酸化问题的余地。然而，随着海洋化学环境的变化，珊瑚在海洋里任何一个角落留存下来的机会都越发渺茫。最终，雷娜塔和威尔的发明所带来的真正益处是为我们成功地留下记忆：一个电子档案馆，记录了遗失的财富，其细节之详尽准确，足以和博尔赫斯在"巴别图书馆"中的想象相比；或许，它更像博尔赫斯在另一篇寓言中所描述的地图制造者。《论科学之精确》（"On Exactitude in Science"）是一篇只有一段的碎片之作，描述了某帝国地图的制作者，他们能够以 1:1 的精度绘制地图。地图中的城市和真正的城市严丝合缝地对应；帝国地图的占地面积与真正的帝国别无二致。然而，最后，博尔赫斯说，这种艺术衰落了，帝国地图被抛在"西方的沙漠"中，化作"残破的废墟"。

然而，我们还有别的希望。即使温度比往年还高，即使发生了乔迪在 One Tree 所看见的暴行，我在阿金库尔看见的白化现象没有过去严重。研究后续白化现象的海洋生物学家发现第一次白化所造成的地质足迹减缓了第二次冲击的影响：第一年，温度激增 4~5 摄氏度时，经历温度激增的珊瑚有 50% 的可能性白化，而第二年，当温度激增范围上升到 8~9 摄氏度时，50% 的珊瑚存活了下来。事实证明，曾经历过高温冲击的区域变得更加坚韧：据推测，第二次白化的规模取决于第一次白化的严重程度。珊瑚礁显示出一种生态记忆，"回想起"曾经的热浪，以更好地应对未来的暖化。

虽然这一发现令人振奋，但科学家仍然保持着谨慎态度。抵抗能力上升背后的机制之一可能是对热敏感的珊瑚已经大批死亡：珊瑚礁并不是记住了该如何在更暖的水中生存，而是忘记了自己身上对热抵抗力较差的部分。他们说，即使某些品种展露出对环境的适应性，珊瑚礁也不太可能追上海洋变化的步调，无法适应未来白化现象的规模和频率。

绘制电子地图或许能让我们记住失落的珊瑚礁；珊瑚本身甚至可能模仿为其命名的美特若多若，"回想起"过去，以应对如今的压力。然而，此二者都无力为珊瑚礁带来未来的希望。珀尔修斯打败美杜莎，是靠一面磨光的盾牌，足以同时映照出他自己和那个怪物。拯救珊瑚不能靠记忆的壮举，而是要勇敢地转身，面对我们所造成的破坏。

CHAPTER

0 6
时间下的时间

　　我把车开下高速公路，旁边的路牌严厉地提醒着要保持车辆处在沥青路面上，不能下车。同时，要小心袋鼠。

　　这建议看起来很不错。除了四处游荡的有袋类动物不谈，现在依然处于雨季，小溪与河流仍然水量丰沛，周围的灌木大都在水下，为四处逡巡的咸水鳄提供了临时的藏匿之地。除了西边几公里外有一座小机场和1000多名居民的小镇贾比鲁外，附近往外延伸几百公里，几乎只有灌木存在。下午渐渐流逝，夜幕正在降临，但四周依然炎热潮湿，卡卡杜国家公园的上空弥漫着刺眼的光线。

　　卡卡杜是澳大利亚北领地的一座国家公园，规模极其庞大：将近2万平方公里的范围内，包含了红树林、海滨泥滩、热带雨林和闪闪发光的砂岩悬崖。地球上最古老的岩石中有一部分就在这里，早在地球年龄只有如今一半时，这些25亿年前的花岗岩侵入体就一直盘亘在地表附近。别的岩石上印着17亿年前沉积并制造了这些砂岩的河流所留下的痕迹。根据这片土地上原住民的说法，这片地形是由路过的彩虹蛇所创造的，她是最古老的祖灵，她翻腾的歌声与起伏的身体变出了这些悬崖绝壁和周围的泛滥平原。

瓦安伊（Waanyi）作家亚力克西斯·赖特（Alexis Wright）的史诗小说《卡本塔利亚》（*Carpentaria*）开头讲述了"一个比风暴云还庞大的生灵……充满了无尽的创造力"，她拖着庞大的身躯穿过包围了卡本塔利亚海湾的土地，就如捧住大碗的手，用河流和深凿的谷地将大地缝合在一起。工作完成后，赖特说，大蛇便沉入约克角半岛下的石灰岩中，在迷宫般的地下水层安居，直到今日，她的呼吸还控制着浪潮和季节的节奏。

贾沃因人（Jawoyn）说卡卡杜南部是由闪电之灵布拉（Bula）创造的。大梦之中，世界躁动不安，万物由此创生，布拉与两位妻子一起经过帝汶海，自咸水之国而来，四处狩猎。在激烈的狩猎活动中，他重塑了整片地形。最终，布拉如彩虹蛇一般沉入大地，他的身体变成了矿藏。据说，山丘里的黄金动脉便是他的本质、他残余的生命之血，但与布拉相关的地方也有高浓度的有毒重金属，如砷、汞和铅。这些地方叫作 djang andjamun，即神圣或危险之处，不可轻易涉足。布拉警觉地守护着他的睡眠。贾沃因人警告道，如果布拉受到打扰，大地将陷入恐怖。那些靠近圣地的人有时会患上奇怪的疾病。他们把这些地方叫作 Buladjang，也就是病国。

卡卡杜到处都是病国，虽然我周围方圆几千英里都是灌木，我的目的地却不是公园某处。路的尽头是兰杰，这座露天矿山产出了全世界将近 10% 的铀。1978 年，卡卡杜被划分为国家公园，但矿脉和附近的贾比鲁没有被划入公园，成了热带湿地和岩石地貌海洋里散落的工业小岛。

我避开路上的坑洞，想起上一次来此的见闻，那已是 12 年前了。当时也是雨季，我和妻子坐船沿着被淹没的道路而上，前往乌比尔（Ubirr），澳大利亚北部最令人心醉的岩石艺术景点。我们的向导弗雷德带我们走过画廊，早在 4 万年前，土地原本的主人米拉·古杰赫米人（Mirrar Gudjeihmi）的祖先就已经开始在此作画。岩石上画着 X 光透视般的鱼和动物，还有——年代更近的——身材粗壮的欧洲人，手塞在肥大的裤子里；有一块横亘高处的岩石离地 20 英尺左右，上面有一只鬼魅般的白色袋狼，清晰可见。袋狼，也叫塔斯马尼亚虎，已经在澳大利亚本土灭绝将近 2000 年了。

"当年的艺术家是怎么够得着这么高的石头的？"我问弗雷德。"这个，有些人说当时附近肯定有棵树，"他回答，"但我们觉得那位艺术家是萨满，利用魔法飞到半空。或者他将石头拉向了自己！"

其中一个红色蚀刻的图形仿佛在痛苦中翻滚。它手指大张，紧抓着周围的岩石。手臂与双腿关节严重肿胀。"那是米亚米亚（miyamiya），"弗雷德说，"若侵扰圣地，这就是你在病国的下场。"

在路右侧的链状栅栏后面，矿井现于眼前——前景是苍白的弃石堆；石堆后面，是地平线上阿纳姆地褐色的悬崖和若隐若现的 Djitbidjitbi，南部另一个 djang andjamun。Djitbidjitbi 也叫布洛克曼山（Mount Brockman），据说是达比（Dadbe），一条棕色的王蛇，彩虹蛇的表亲的家园。米拉人说，如果达比受到打扰，她就会掀起足以毁灭世界的大洪水。即使面对这样的警告，澳大利亚人还是从 1980 年代早期开始就在圣山的阴影中开掘铀矿了。1969 年，地质学家在这里找到了南半球最丰富的铀矿。自 1915 年人们在刚果发现著名的欣科洛布韦矿脉以来，这是最大的一次发现。当年将广岛和长崎夷为平地的原子弹便使用了从欣科洛布韦开采的铀。

在此之前，我从没见过露天矿山。我想找个向导带我参观，但运气不好：如今矿山不再对外开放参观。然而，我知道通往大门的路还是通的，我想去看一眼病国现在的模样。自 1981 年兰杰开放以来，超过 200 次泄露和意外向环境中释放了种种有害物质。2004年，操作员发现矿工使用的洗澡水和饮用水中放射性强度已经超过人类安全上限的400倍。2010年，几百万升含铀水被释放到卡卡杜湿地中。2013年，一个浸出槽破裂，泄露了100万升酸性含铀悬浮液。虽然这次事故没有超出国家公园的边界，但矿石碎片和硫酸的有毒混合物形成了一层3厘米厚的红色外壳，将矿场覆盖了起来。

然而，现在已看不到这样的残酷景象了——不管我对自己将看到的东西有何期待。停车时，四周十分安静，我刚刚从车里出来，热气便充满了我的肺腑。三只猛禽在灰蓝色的石堆上方懒懒地盘旋着。我隔着栅栏拍了几张照片，不过另一边没什么可看的：我只能看见远处寂静的作业中心，一个由塔架、通道和管道工程组成的闪闪发光的卫星城。然而，我面前的区域长满灌木，无人照管，扔满了工业岩屑。几位穿着橙蓝工服的矿工下了工，正好走过，把白色的安全帽扔进附近的拖车里，但没人管我。看起来他们已经习惯了在园区边上游荡的访客。一只风筝掉进停车场里，开始在栅栏上方前后飞舞，那是我不能去的地方。

整片区域像是在缓缓地吐气。今日已经接近尾声，但同时，矿脉的寿命也将近末路。力拓集团的租约2020年到期；仅几年后，这一矿山就要结束运营。计划中，此后便要治愈这一病国。根据澳大利亚政府的报告，该公司将恢复矿区内及周边"受干扰的区域",恢复野生动物及植物的丰富性,并移除或以某种手段确保放射性矿渣的无害性。

铀十分古老,甚至比地球更老,据说,全球所有的铀都来自 600 亿年前超新星的熔炉。它同时也是最重的自然元素,由于太过庞大,甚至无法维持稳定。就像在纸袋里摇晃的滚珠轴承,里面的 92 个质子,隐隐要将原子撕成碎片。只要外界的一个中子轻轻一吻,便足以推动强度惊人的链式反应,铀同位素的粒子带着毁灭性的能量四处飞散。汤姆·佐尔纳(Tom Zoellner)写过一部核能的历史,他将铀原子疯狂的自毁比作疯子自己撕扯衣服。由于过于沉重,铀 235 原子很容易分裂,但它之所以如此狂躁,仅仅是为了追求稳定。铀原子的衰变其实是屈服于一种强迫性的重组织过程,在持续反应中不断导向稳定,最后变成安静而稳定的铅 206。然而,在变化过程中,它会释放种种电离粒子,也叫衰变产物。这些粒子以每秒 15 万英里的速度从原子核内飞出,弹击途中接触到的所有活体组织,从原子中剥离电子,导致突变或功能性故障。

每一个衰变产物都会攻击机体,仿佛陷于对活体组织的特殊渴望之中。镭 226 会侵入牙齿与骨骼,以及母乳;氡 222 会攻击肺部;铯 137 会掠夺肌肉。锶 90 则会与骨骼结构结合,富集在植物的脉管组织中。

我又拍了几张照片，回到车里，离开了停车场。开了几百米后，我不顾警告牌，在路边停下车，又透过栅栏看向一个空洞大坑的边缘。坑旁的地面仿佛无比消瘦，两边通往坑洞的小路就像巨大的肋骨，坑底满是浑浊的酸橙色积水。一台橘色挖掘机耐心地守在坑洞远端，挖掘臂十分温和地垂着。挖掘机身后，能够远远看见 Djitbidjitbi 毫无表情的方脸。

然而，或许矿山确实不太欢迎访客。我只站了几分钟，便有一辆车开到我身边，礼貌但坚定地请我离开。

新的病国由我们一手打造。它们的名字在耳边闪现回响：福岛第一核电站、温斯乔（Windscale）、埃尼威托克（Enewetak）；汉福德（Hanford）、迈利赛（Mailuu-Suu）、卡拉恰伊湖（Lake Karchay）；马亚克（Mayak）、普里皮亚季（Pripyat）、丝兰山脉（Yucca Flat）。就如赖特想象中雨云为体的大蛇，原子时期的蘑菇云预示了新世界的诞生。

1945 年 7 月 16 日早晨，第一颗原子弹在新墨西哥州的阿拉莫戈多（Alamogordo）爆炸，周围的沙漠被烧成了玻璃。过热的沙子刚刚被扬进空中，便立刻液化，变成淡绿色的玻璃冰雹冷却落下，填满弹坑，就像一片碧湖。1952 年，大规模热核武器测试纷纷展开，在 1960 年代初达到顶峰。自从阿拉莫戈多的特里尼特（Trinity）测试后，全球超过 1600 个装置被引爆，平均每 10 天引爆一枚炸弹，持续了 42 年。

1954 年 3 月 1 日的实验或许是最声名狼藉的一次，美国军方在太平洋的比基尼环礁引爆了"布拉沃"（Bravo）原子弹，当量 1500 万吨。爆炸蒸发了 3 个小岛，留下了一个 1 英里宽的弹坑。在日本的降雨和吹过澳大利亚的风中，都能探测到辐射微尘。海洋生物吸饱了辐射，在比基尼环礁附近抓到的鱼甚至会在照相底片上留下光谱影像，他们身上放射性最强的部分闪着强光，仿佛被内部爆炸点亮。在 140 公里以外的朗格拉普环礁，岛民在"布拉沃"测试当天一早聚在沙滩上看热闹。见证者说，在地平线上看见耀眼的光芒，像是第二颗太阳。不久后，雪一般的东西落在沙滩上。他们从传教士那里听说过雪；马绍尔群岛上竟会下雪，像是一个奇迹。孩子们在覆满沙子的白色尘灰里玩闹，用舌头去接灰。后来，岛民才发现，所谓的雪其实是蒸发的珊瑚和放射性灰尘的混合物。

接触辐射微尘后，朗格拉普岛民开始长水疱，脱发，患上了辐射病，1954 年被疏散到夸贾林环礁。可耻的是，他们在 1957 年又被送回了朗格拉普，但"布拉沃"所造就的第二颗太阳仍然闪耀着有害的光芒。健康问题开始出现，横跨数代。岛民得了几十种不同的癌症，甲状腺癌尤其多发。女人则患上生殖创伤，遭受流产的痛苦，有时则生出噩梦般的畸形儿。

在 1995 年呈递联合国国际法院的证言中，"布拉沃"测试的见证者之一利永·埃克尼朗（Liyon Eknilang）说，妇女有时生出的不是常人想象中的婴儿，而是只能被称作"章鱼""苹果""乌龟"之类的东西。这些"水母儿"——生下来便没有骨头，皮肤透明得能看见脑子和跳动的心脏——只能活几个小时，在非现实的风口浪尖颤抖。1985 年，岛民最后一次被疏散，朗格拉普则被宣称在 2.4 万年内都无法让人类安全居住。

在马绍尔群岛上制造新的病国也意味着创造了全新的地形。埃尼威托克由 40 座珊瑚岛围成，呈椭圆状，其中一座岛被完全蒸发，留下一个 2 公里的弹坑。1948~1958 年，埃尼威托克一共开展了 43 次核试验。1970 年代末，美国政府收集了 8.5 万立方米的辐射性表层土，包括大量的钚，并将其扔在鲁尼特岛上由"仙人掌"（Cactus）——这是最后一批测试的原子弹里某一颗原子弹的代号——留下的百米大坑里。他们用半米厚的混凝土穹窿盖住了弹坑。仍然生活在埃尼威托克上的人把它叫作"墓地"。

"墓地"的航拍照片显示旁边还有一个弹坑，大小几乎和"墓地"一样，里面充满了海水，形成了新潟湖。就像数字 8 的一半，凸出的穹窿和凹陷的潟湖互为镜像。工程师忘记封住"墓地"底部，现在里面已充满了海水，表面皲裂，就像太阳下暴晒的皮革。它处在海平面上，海水越发靠近其边缘。

1963 年的《禁止核试验条约》签订以前，共有 500 次大气层核试验。在测试高峰期，大气层中的辐射性碳同位素翻了一番；现在浓度虽然已经降低，但 20 世纪"碳 14 炸弹波动"的踪迹在接下来 5 万年里仍然可以检测到。核反应产生的钚 239 同位素半衰期达 24100 年。钚 239 在自然界中几乎不存在，但如今全世界都能找到残余的钚 239。这次核能狂欢所产生的辐射微尘的踪迹遍布极地、大陆、湖底沉积物、冰核、树木年轮和有机组织。其分布如此广泛且均匀，许多科学家都认为它将成为人类世最历久弥坚的标记。

除核试验产生的辐射微尘外，核能发电还产生了废料问题。几乎所有铀矿石——超过 99%——都是铀 238，这种非裂变同位素排放放射性物质十分缓慢。铀 235 的半衰期是 45 亿年，与地球年龄大致相当。为制造可用燃料，铀矿中自然存在的裂变物质铀 235（半衰期 7 亿零 380 万年）必须提取出来，进行浓缩。研磨矿石并浓缩提取后，天然矿石中含量低得可以忽略不计的铀 235（0.7% 左右）上升到了 3.5% 至 5%（武器级铀浓度则必须达到 95%）。然而，提纯过程极其浪费。一吨自然铀可以产生 130 公斤燃料和 870 公斤尾矿，这种磨得细碎的废料中仍然含有大量放射性物质。用过的燃料中包含大约 1% 的铀 238 和 1% 的钚；超过 95% 的贫铀同位素都是铀238。其中部分材料可以循环利用：虽然没有裂变能力，铀238却被称作"增殖性物质"，因为它可以"捕获"一个额外中子，成为钚239。再加工后，可以将贫化燃料的量减少80%，但它仍然会在几千年内对生命造成威胁。

核废料让我们看到了无法掌控的未来，未诞下的生命和仍未出现的地形都会受其伤害。我们可以借此进入拉塞尔·霍本（Russell Hoban）所说的"时间下的时间"：在日常表面以下的深层存在。我们共有的真实感让我们与彼此一同工作生活，霍本说，除此之外仍有另一种真实，只能在"被看见和没被看见的现实的交错之中"得以靠近。

1986年4月26日，闪烁的"时间下的时间"轰然爆发，进入鲜活的生活。乌克兰的切尔诺贝利核电站中四号反应堆的事故在一瞬间释放了5000万居里的辐射。不真实感油然而生。爆炸处附近的松针变红，落下后也不腐烂；辐射微尘在樱桃树的叶子上烧灼出许多孔洞。在举世瞩目的口述历史《切尔诺贝利的祭祷》（*Chernobyl Prayer*）中，斯维特拉娜·阿列克谢耶维奇（Svetlana Alexievich）复述了一个女人的证词，她在自己的菜地里找到了闪闪发光的蓝色铯块。然而，最危险的是，这个威胁生命的新环境与普通日常几乎别无二致。在余波刚刚扩散之时，生活似乎一切如常，孩子在户外玩耍，面包店露天售卖面包，毫不在意这个区域里四处充斥着无形的放射性核素。对灾难之严重有所了解的人互相警告不要吃那面包。到了 5 月 5 日，辐射微尘已经飘到了印度和北美。

有两个人在最开始的爆炸中死去，随后的几天里，29 名第一响应者也过世了。被归结于这一灾难的伤亡者只有这几个，然而据估计，该意外到 2065 年可能导致高达 4000 例癌症。然而，除了这个缓缓展开的灾难外，"现在"的表层下还酝酿着一个更不可避免的时刻。就像马绍尔群岛的环礁，2 万年内，该试验场所都将不适合人类居住，而这已经是可考历史时长的两倍。如果我们向后追溯同样长的时间，就会来到文字发明以前，甚至是现在所有可分辨的口头语言发明之前。当时，人类才刚开始进行金属加工。约瑟夫·马斯柯（Joseph Masco）将其称为"核诡异"，它扭曲了我们对时间的感知，将"毫秒和千百万年"这两种尺度上的危机捏合在一起。切尔诺贝利被封冻在爆炸的那一刻，将在那里凝滞 2 万年；而从人类的角度看，在破裂的四号反应堆周边，那广大的混凝土石棺中，时间永远静止在了 1986 年 4 月 26 日凌晨 1 点 23 分（东三区时间）。

我们有能力裂解原子并挖掘组成生命的物质里所蕴含的能量，这看起来像是人类获得了神的伟力。罗伯特·奥本海默（Robert Opphenheimer）见证阿拉莫戈多的第一次核爆时所说的话已经家喻户晓，据说化用自《薄伽梵歌》："我成了死神，世界的毁灭者。"然而，这是后人伪作，更让我们忘记，有能力捕捉铀原子的能量并不意味着我们成了神，而是匍匐在我们新创立的不朽力量之下。就如旧神一般，这些新神——强大、恒定、足以造成无声无形的伤害——看起来会不可避免地要求得到自己的神躯，由现在的表面下搏动着的核子时刻所造就的身躯。

2018 年，马绍尔诗人凯西·杰特尼尔－基吉纳（Kathy Jetnil-Kijiner）进行了为期 4 天的独木舟之旅，前往鲁尼特岛参观"墓地"。"我要来面见你，"她在一首旅行视频诗《受膏》中说，"会找到什么故事？"站在混凝土穹窿之上，她说起诡术师勒陶（Letao）的故事，他从母亲乌龟女神那里收到了礼物：一只能让他任意变化形态的贝壳，变成树、变成房屋，甚至是变成另一个人。但勒陶用这个礼物将自己变成了火花，制造出世界上第一捧火，送给了一个小男孩，而孩子差点把自己的村庄烧为白地。"孩子哭泣时，"杰特尼尔－基吉纳站在鲁尼特岛开裂的混凝土壳最高处说，"勒陶笑得停不下来。"

"我们的神话和民俗故事在我们出生前就已经与我们同在。"霍本如此宣称道。在他看来，"蓝藻形成的图案、猎户座大星云的超自然羽翼和人类染色体如尼文般的涂鸦都是故事"。铀原子勉强约束住的 92 个质子同样如此。而且，可以肯定地说，这些故事不会是温和的创作。俄罗斯东部的卡拉恰伊湖受到严重污染，据说浸在湖水中 4 小时便足以致命。从现在起的 1000 多年里，当附近那个苏联时期核工厂的记忆消磨殆尽，人类就必须编造出一个传说，解释潜藏在荒凉湖水下灼人的恶意。

永恒的核子之神将警惕地守护他们所执掌的有毒大地。或许，除了神话和故事，我们还需要安抚神明的仪式才能求他们手下留情，否则，他们将让整片土地永远沉浸于疾病与死亡之中。

当然，多半会有人想将污染最严重之处的力量据为己有。

在索福克勒斯的《俄狄浦斯王》中，俄狄浦斯乞求克里昂——在俄狄浦斯蒙受耻辱后继任为底比斯王——绝不要让他堕落的躯体玷污底比斯。俄狄浦斯双目失明、身体虚弱、被文明世界所抛弃，心中满含可怕的笃定。"任何疾病都无法摧毁我，"他宣称，"任何事物都不能……我已受拯救 / 为那伟大、恐怖且奇异之物而拯救。"然而，他的警告没有引起人们的重视。

俄狄浦斯是受玷污之物的终极体现，他背负着弑父与乱伦的双重罪恶，已然无赦。索福克勒斯把他称作"污秽浸透了存在之核心的人"。然而，这玷污也带来了力量。在《俄狄浦斯王》的续集，索福克勒斯传世的最后一部戏剧《俄狄浦斯在科洛诺斯》（*Oedipus at Colonus*）中，濒死的俄狄浦斯四处寻求庇护，来到了雅典外围的一片神圣丛林中。克里昂找到他，想把他葬在底比斯边境，利用他坟墓产生的巨大力量守护城邦。然而，俄狄浦斯拒绝了他，对底比斯和底比斯王施展了盛怒的诅咒，将来，城邦与其国王将见证他的"复仇/永远深埋在你们的土地之中"！他转而将自己的尸体交付给雅典王提休斯，让他秘密埋葬自己，为雅典带来永恒的守护，并给底比斯带来灾祸。为感谢提休斯收留这"时间无法磨蚀的力量"，俄狄浦斯承诺，自己被藏匿的残躯将成为"你们所有伟力的根源，永不消逝，永远崭新"。

俄狄浦斯之死以外的古典文献中也有其他故事提及作为伟大力量根源的秘密坟墓。希罗多德描述了斯巴达人一次次败于敌对的特吉亚人之手，终于，他们在特尔斐（Delphi）求取神谕。女祭司向他们承诺，只要找到俄瑞斯忒斯的埋骨之处，将遗骨带回斯巴达，他们就将获得胜利。俄瑞斯忒斯是荷马笔下"阿伽门农威名远播的儿子"，他杀了母亲克吕泰莫丝特拉和她的情人埃吉斯托斯，为他被谋杀的父亲报仇。他们百般努力，一无所获，直到神谕给出的线索将斯巴达的利卡斯带到了某个铁匠的院子里。根据线索，俄瑞斯忒斯被埋葬在来回锤击之处。利卡斯看着铁匠工作，后者说到他在后院挖井时的惊人发现，一个足有 10 英尺长的巨大棺材，里面有一具和棺材一样长的尸体。利卡斯把他的发现告诉了斯巴达同胞，然后回到铁匠铺，声称自己已经被流放，说服铁匠把院子租给他。弄到院子后，他挖出了俄瑞斯忒斯的骸骨，在胜利的荣光中回到斯巴达。"自那天起，"希罗多德写道，"古斯巴达在力量的试炼中远远胜过了从前。"

俄瑞斯忒斯和斯巴达人的故事也可以在未来找到对应。阿列克谢耶维奇写道，切尔诺贝利爆炸的第一批死伤者，包括启动了紧急停机程序的操作员，都被葬在莫斯科的锌馆中，棺木上盖着 1.5 米带有铅夹层的混凝土。以如此反常的方式将一个人封存在地底肯定会让在遥远未来发现坟墓的人大为惊奇。我们推测，人们在古代墓葬的种种精心努力对应着被埋葬者所拥有的力量，或是他们生前所受到的尊敬。这样的场所会引起人们的好奇心，某些人认为其中蕴含之物能够给他们带来更多的财富或更高的地位，可能会因此而起意。我们对某些事物那"时间无法磨蚀的力量"感到恐惧，并将其藏匿在大地中，而它们不会永远藏匿下去。

难以置信的是，虽然核废料足以致命，却没有人知道总量到底是多少。2007 年，国际原子能协会（IAEA）统计了全球储量，并估计全球生产了共 220 万吨富集铀，同时产生了 2.2

亿吨放射性尾矿。仅兰杰矿场一处，自开始运营以来，每年会生产3300~5500吨燃料；在IAEA报告发布后仅10年，该矿场便生产了超过35000吨三氧化铀（也叫黄饼），全部送到了世界各地的发电站，包括福岛核电站和托内斯核电站。后者在爱丁堡附近，每年春天我和学生都会去的沙滩上就能望见它。可以说，能源总量很大，而它所带来的问题并不会消失。全球共有450座正在运营的核电站，其中大部分都将燃料储存在地上，玻璃化后储存在钢桶中。然而，这只能暂时解决问题，考虑到燃料变得对生命无害所需的漫长时间，这些举措脆弱到了不合理的程度。

以安全的方式长期储存乏燃料[①]把我们带进了严重的两难境地。国际协定禁止将乏燃料埋在海底或运到南极冰盖。我们也不能将其发射进太空，除非我们愿意顶着火箭失事，将乏燃料洒进大气层的风险生活。为解决该问题，几个有核国家的工程师和科学家花费几十年的时间和几十亿美元的经费在大地深处建造设施，用以储藏大量核废料。然而，他们的工作也遭遇了重重困难。2002年，美国国会批准方案，在内华达州的尤卡山建设深层储藏设施，以收储7万吨乏燃料。该地距离拉斯维加斯100英里。然而，9年后，由于估计预算上

① 又称辐照核燃料，是经受过辐射照射、使用过的核燃料。

升到将近 1000 亿美元，该计划被撤资。1999 年，新墨西哥州卡尔斯巴德市附近的废物隔离中间试验工厂（WIPP）接收了第一批超铀废物，主要是被污染的保护服和实验室装置，以及在核武器生产过程中产生的固化有毒泥浆。这是人造放射性核素第一次被储藏在地下。该计划准备在 2030 年前持续在 WIPP 堆填废料，然后保证该设施在至少 1 万年内都不会受到侵入。

之所以选址在卡尔斯巴德附近，是因为该地区地下有古代盐层——二叠纪的沙拉多建造（Salado formation）——2.5 亿年前，珊瑚礁将一片浅海隔离出来。分离出来的水体慢慢蒸发，留下一层晶体盐，如今盐层厚度在 200 米到 400 米之间。沙拉多是一个非常高效的坟墓，因为盐层会扩张：慢慢的，WIPP 内部腔室的墙壁会缓缓向内推进，直到完全吞没里面的废料。同时，它还会阻挡地下水，可塑性高，能够在地壳变动中保护内部废料：如果未来地震让墓穴开裂，活动的盐层也会自愈。

然而，人类的入侵则完全是另一个问题，尤其考虑到仅 1 公里以外，就有 5400 万桶储量的化石燃料。将 WIPP 蕴含的风险传达给几千年以后才会出生的子孙后代是我们以前从未处理过的问题。挑战在于设计一段可以保持活跃的信息——可以辨认，可以解读，保持有效——让它存续得比城市的历史更久，甚至比书面文字更久。

所有词语都有半衰期。一般来说，半衰期的范围在 750 年到 1 万年（极端情况下）。不断的使用会磨损某些词语的价值，并让其他词语发生改变，但就像放射性元素一样，所有词语都面临着无法避免的衰变。古语言学家把这叫作语义磨损或语音磨损，我的学生在学习古英语诗《贝奥武甫》（*Beowulf*）时第一次碰见 "hwaet"（意思是 "听好了！"），在表达让人集中精神的命令时，便能体会到这种力量。伊丁几（Yidindji）的例子显示，词语可以在地名里保存下来，有些 "超保存" 词语也可以一直存续，一般来说都是代词和数词：人们认为，英语中的 "I" "you" "not" "here" "how" 已经有 2 万岁了。然而能残存下来的词语很少，不足以进行有效交流。一份研究与遥远未来交流问题的报告预测，1 万年后，英语——如果还有人在使用的话——现在流通的基础词汇只会有 12% 保存下来。

这一问题短暂地催生了迄今为止人类语言研究中最为独特的分支。该分支叫作核符号学，由美国符号学家托马斯·西比奥克（Thomas Sebeok）提出。1984 年，西比奥克发表了一篇小论文，文中的想象力广博得惊人，他提出，保护一段信息不受 "深时" 磨蚀的最佳方法就是建立他称作 "核子祭司" 的机制。西比奥克相信传承和神话的力量。他说，应该允许在 WIPP 这样的地方积累传说，将被辐射的区域包裹在疾病和威胁之中，打消不知情者的好奇心。西比奥克的核子祭司——"由知识渊博的物理学家、辐射病专家、人类学家、语言学家、心理学家、符号学家和其他所需学科专家组成的委员会，从现在延续到未来"——将借助特别设计的年度仪式守护地下埋藏之物的真相。为了隔绝衰变，西比奥克设计了一个接力系统，用以传播信息，以三代人为周期更新信息：设计要保证当代祭司的曾孙代可以理解该信息。他辩称，这种设计好的演变可以追上语言的变化。

俄狄浦斯要下葬时，他向提休斯提出了相似的要求。"但这些是重大的奥秘……/绝不能让言辞将它们从深处唤醒。"他警告道：

> 当你临近生命的末尾，
> 只能将它传给最亲近的长子，
> 让他传给他的继承人，
> 代代相传，永无穷匮。

西比奥克的接力内容随着时间流逝而变化，随它传递的还有一道"元信息"，即命令子孙后代维持这道信息，并每 500 年更新一次，同时恶毒地威胁称"如果忽视这一任务，将招来超自然的报复"。

1990 年代初，两个团队受委托为 WIPP 设计潜在的标签计划。其中一组对地貌进行工程改造，传达警告信息，另一组则专注于设计书面及图像的混合信息。最终报告提出将整个区域变成整体交流系统，让精神和所有感知都陷入大难临头的处境。屏障是完全符号性的；实际上，标签的力量建立在人们的特定情绪反应上，即使他们的文化与我们的差异已经相当于我们和古埃及文化之间的差异。因此，各小组提出的方案都展现了一系列异想天开的世界。地形里充斥着残暴的荆棘、闪电状的土方，以及庞大的长钉针，看起来就像一群拥有恶魔心肠的巨人所打造的作品。其中一个设计把核心放在染成黑色的巨大混凝土池中，这个空洞会吸收沙漠的热量并将它辐射出来。另一个设计则提出把有毒物质，甚至是辐射性物埋在耐用玻璃胶囊中，只要受到扰动就会破裂。

最终设计方案于 2004 年公布，其中包含了 5 级警告信息，复杂度不断升高，并混合了巨石、隐藏的线索和档案等一系列信息。25 尺长的石墨标签放置在外围，标记出控制区的范围，范围更大的一组标签标出了带有储藏踪迹的区域。每个标签都刻上了包括 7 种语言（汉语、英语、西班牙语、法语、俄语、阿拉伯语和纳瓦霍语）的信息，禁止万年以内对该地进行挖掘或钻探；标签的下半部分埋入地下 17 英尺，也刻上了同样的命令。这些信息还加上了恶心和抗拒的表情，参考爱德华·蒙克的《呐喊》进行设计。在处置库踪迹范围内，还在地下 2~6 英尺的深度随机埋入了一系列 9 英寸陶瓷盘，盘上也带有简短的警告和蒙克表达存在主义的恐怖符号。用磁铁和雷达反射器装饰的 30 英尺宽的土质崖径传达了异常的信息，围住了石墨标签所在的内圈。

地表以下 20 英尺埋入了两间储藏室，一间在崖径内，一间在崖径外，分别只有一个锥形开口。如果有人无视地表信息，闯入这些房间，就会在石墨墙上找到更详细的警告，表明进一步探索将会带来什么危险；他们也可能找到"热室"，一个充满低剂量辐射的考古遗迹，WIPP 封闭前，运输到此地的超铀废物就是在这里从"路"桶转移到储藏桶里的。

遗迹核心设立了一个信息中心，存有储藏区的空间结构和地质截面图；一张元素周期表；遗址建立时织女星、大角星、天狼星和老人星的星象图，以表明建造时间；还有一份表明了其他储藏地的世界地图。WIPP 的完整档案及其内容储藏在别处，按照设计，将由西比奥克的核子祭司保管。

如果真的建立起来，WIPP 标记所描绘的区域将是现有的神话区域，在创造者化为灰烬后多年仍然散发着令人恐惧的信息。然而，这些神话的内涵——无论是宣扬我们的文明还是我们的野蛮——都不由现世人掌控。它们仿佛能以某种诡异的方式自我夸大：不再仅仅是一个警告，而是一段证词，指明我们的文明所能达到的毁灭之力的极限。WIPP 遗址四处散落的呐喊表情就如希腊悲剧中的合唱队，为我们所创造的病国而主东哀叹。

公元前 406 年，索福克勒斯写下围绕俄狄浦斯残躯而起的争端时，他已行将就木，但 5 年后，当《俄狄浦斯在科洛诺斯》公演时，雅典已经陷入战火之中。它再也无法恢复往日的荣光。雅典人在观看索福克勒斯最后一部作品，听着俄狄浦斯对提休斯承诺，作为对方收留自己残躯的回报，将永远保护雅典时，或许会意识到自以为未来可以免受灾祸是多么自负的态度。他们必然会感受到，自己正聆听一首来自彼岸的、关于自己城邦的挽歌。

微雨空蒙，笼罩着荒野和树林。先前热浪滚滚，现在暑意虽然有所消退，空气却依然闷热。我穿过奥尔基洛托岛，前往昂科洛（Onkalo）。

奥尔基洛托岛方圆约 10 平方公里，位于芬兰的波的尼亚海岸。岛上长满了云杉、赤杨和松树，与这个热爱树木的国家中的其他密林一样，绵延数公里。岛上坐落着芬兰两座核电站之一；同时，全球第一座乏燃料深地质处置库也将在这里落成。乍看之下，处置方法非常简单：深挖到古代基岩；

把废料存在特殊设计的铜罐中埋藏；回填；撤退，消除地表的一切踪迹。

WIPP 经过精心设计，塑造全新的病国传说，吓退潜在的侵入者，相比之下，芬兰的处置库昂科洛则想要被遗忘。

昂科洛将处置芬兰在接下来 120 年内产生的所有核废料，储藏于 450 米深的岩层。芬兰已经建好了 5 公里长的隧道，尺寸足以使货车通行。芬兰的地质条件尤其适合长期储存有害物质。该国国土位于巨大的石墨岩盘上，这层前寒武纪芬诺斯堪迪亚（Fennoscandian）地盾里的火成岩形成于将近 20 亿年前。虽然被埋藏在末次冰期沉积的冰碛层下，但实际上芬兰的基岩是如今已消失的远古山峰的基座。这形成了全球地质稳定性最强、最为均匀的区域之一，离陆块边缘很远，充斥着在冰盖压力下产生的细微的裂缝系统，提供了天然的可塑性，足以进一步缓冲压力。与 WIPP 不同，昂科洛附近没有有价值的资源。地下水流量极小——地下 300 米深的水流很可能在过去 20 亿年间都没有上过地表。从地球上仅有细菌生物的远古至今，芬诺斯堪迪亚地盾几乎没有变过。或许，芬兰人不需要新神话，因为他们国家的地下有着如神话般强韧的坚实基础。

我之所以来昂科洛，不仅仅是想来探访将会储存并隔离乏燃料上万年的隧道，还因为我对消除地表踪迹的计划很感兴趣。这或许是极度的漫不经心，也或许是敏锐地察觉到，想透过"深时"交流是多么自负。

我设法加入了国际媒体的参观，根据通知在核电站的访客中心集合。前往奥尔基洛托的道路穿过一片平坦的乡野，人口稀少，只有几座农场和孤零零的木制建筑。核电站入口处的大门悬挂着禁止拍照的警告，这是当地唯一能让人察觉异常的标记。

我来早了，第一个到达。前台登记了我的名字，建议我在媒体大部队到达前先看看展览打发时间。展览讲述了核能的故事，从采矿到获取能量，再到最后的废物处理，清晰简洁，有如童话。每一步都干干净净，控制完美。中心仍笼罩在清晨的寂静中，但我能听见咖啡馆传来模糊的电音鼓点，是电台在播放双人无极（2 Unlimited）的《No Limit》。

展览的最后部分放着一个巨大的铜桶，闪闪发光，旁边闪着冰冷光芒的东西看上去是一个实心的铁柱，方孔的网格将其前后打通。二者都正好 4.5 米长，铜桶大得把我装下还绰绰有余。桶口平放着盖子，一个巨大的闪亮铜币。芬兰就用它隔绝探究的目光。乏燃料被铸成指甲大小的陶瓷珠，捆成棒状，插进铁质内芯的空洞里，然后封在铜桶内，再用闪亮的盖子封住。铜桶会被带到昂科洛地下 450 米，直立放在基岩上钻出的 8 米宽的洞中。洞穴将用黏土填满，避免被地下水移动和侵蚀，最后再降下混凝土盖。在昂科洛，共有137条短隧道，5400个封存洞。装满后，每个隧道都会填满膨润土，再用混凝土封存。最后，整个处置库将回填到与地面平齐，入口则被覆盖。最后，这片土地将还给森林。

芬兰工程师在全世界寻找相似的项目，想借以验证他们的设计与材料的耐用性。1676年，当瑞典战船克伦纳号（Kronan）在厄兰岛战役中沉没时，随之沉没的青铜大炮炮口朝下落在饱含水分的沉积物中，在400年间仅被侵蚀了不足4%，证明了铜桶的耐用性。在德文郡利特汉姆（Littleham）泥岩地层中的片状单质铜（存在于自然界中）历经1.7亿年，几乎没有变化。2000年前，罗马时期落在苏格兰英赫图梯（Inchtuthil）的钉子如今仍然崭新，证明了铁质内芯的可靠性。在意大利杜纳洛巴（Dunarobba）找到的，保存了200万年的红杉树在古时一次暴洪中直立储存在了湖底积泥中，另外，2100年前的中国女性尸体因棺椁周围有厚厚的黏土层而被自然保存下来，其内脏完好无损，关节仍然可以活动，证明了膨润土屏障的效果。每一个元素都考虑周到，经过充分测试，与WIPP项目的幻想气氛形成了鲜明对比。

然而，芬兰人或许可以参考一个关系更近的相似例子。参观昂科洛前一晚，我去了波的尼亚海岸，在昏黄的光线中阅读芬兰国宝史诗《英雄国》（*Kalevala*）。《英雄国》里的故事和歌曲都是 19 世纪物理学家伊莱亚斯·兰罗特（Elias Lönnrot）徒步收集的。每年春天，他便走过芬兰乡野，扔掉鞋子，两脚沾满焦油，徒步超过 1.3 万英里，收集古老的故事，模仿《奥德赛》的结构统合整理成史诗。《英雄国》里最奇怪的故事之一是打造桑波（Sampo）。

在故事的开头，为了付清欠黑暗北国女主人洛希（Louhi）的债务，老诡术师维纳莫宁（Väinämöinen）欺骗了铁匠伊尔玛利宁（Ilmarinen）。维纳莫宁说服伊尔玛利宁，在遥远的北国住着一位绝色美人，她拒绝了所有求爱的男子。但她会委身于能够打造神奇桑波的人，这是一件强大而神秘的物品，也叫作"亮盖"，只有像伊尔玛利宁这样技艺高超的工匠才能打造这等神物。狡猾的维纳莫宁唱起咒来，将微风变成狂风，把伊尔玛利宁高高扬起，越过陆地与水面，送往遥远的北方。

伊尔玛利宁落地后，便表明自己是来打造桑波的。洛希咧嘴一笑，露出牙缝，命令自己的女儿穿上最美的衣服，梳妆打扮。"永恒的工匠伊尔玛利宁到了，"她高喊，"来打造桑波，点亮亮盖吧！"

洛希女儿的美貌让伊尔玛利宁神魂颠倒，他开始打造桑波，用上了天鹅的翎毛、不孕母牛的奶水、一小粒大麦，以及母羊的夏毛。他找了个地方放铸造炉，搭起风箱，点燃烈火。他把原材料推进铸造炉，催动风箱，持续了三天三夜。

第一天，伊尔玛利宁看了看炉底，想看看情况，他看见一把金色的十字弓，不满地将它折断。第二天，他拿出了一艘红船，船首金光闪闪，他把它拆成了碎片。第三天，造出来一头长金角的小母牛。第四天，则是一把黄金犁头。伊尔玛利宁都不满意，在铸造炉中燃起庞大无比的火焰。最后，他看向炉中，看见开始成形的亮盖。他用高超的技巧将桑波敲打成形。完工后，一侧是玉米磨，一侧是盐磨，一侧是钱磨。

"然后，新桑波开始研磨／亮盖轰隆作响"，《英雄国》记载道，最后磨出满满三斗东西，一斗可以吃，一斗可以卖，一斗可以储存。

伊尔玛利宁把礼物送给洛希，洛希又咧嘴一笑，把桑波带到北国坚硬山丘的深处——铜坡里，把它藏在9道锁后，用强大的根系捆扎起来，埋在9英寻深的地方。

《英雄国》里没有任何一处提到桑波的模样和具体威能，但很明显，人人都在追寻桑波，把它看作无尽财富的源头。我所读版本的一位译者指出，"这个词处于希腊语代达罗斯（daidalos）闪闪发光的巧技和威尔士语格温（gwyn）庄严的光辉之间——在英语中找不到对应词"。这神秘的亮盖在芬兰最伟大的史诗核心里大放光芒。

其他人渐渐来了：法国记者，然后是意大利记者、意大利摄影师、比利时建筑师，还有我们的芬兰导游帕西。帕西胡子银白，修剪得十分整洁，是建造昂科洛的波希瓦公司（Posiva）的公关经理。喝咖啡时，他解释说芬兰的昂科洛方案建立在坦诚和信任上。"知道得越少，恐惧越多。"他边说边耸了耸肩。芬兰的乏燃料会储藏在地上，降温40年，显著降低放射性后再储藏到昂科洛。他承诺，在500年后，乏燃料的放射剂量相当于一个人的全年辐射剂量；在1万年后，辐射量和一次X光相当。

"我经常回答这个问题，"帕西说，"你怎么能在地下埋定时炸弹？但三四百年后，它的危害性已经和自然界中的铀不相上下了——不过还是不能吃。"但我在资料里读到，波希瓦公司设置的参考生效时间是25万年，至少能顶过一个冰期。

"为什么要让它在这么长时间里保持安全？"我问，"为什么要强调1万年？""感觉安全点。"他回答。"仅仅是为了感觉？"我问。帕西点点头。

昂科洛计划于2020年开始接收乏燃料，直到22世纪中叶，最后一道封盖落成。帕西说，考虑到处置库的使用期限相当长，留下标记显得很愚蠢。"最终，"他说，"又一次冰期会抹去一切——可能就在10万年后，但在那以后就再没有巴黎，没有伦敦；地上的一切都无法熬过冰期。如果在冰川褪去后人们回到这里，我们留下的所有标记都将消失。"即使气候变化延缓了冰期，新的冰期还是会把整个北欧压在几千米厚的冰层之下，压到基岩上。昂科洛的设计显然把这考虑了进去，但无论地表还剩下什么，都不可能保住。在不同时期，这片地表可能会被洪水淹没，沉入浅海的海底，或是历经风霜。随着之前的冰盖后退，奥尔基洛托附近的地区不断反弹，地面以大概每年6毫米的速度上升，人们预测，这几乎无法察觉但也无法避免的上升还将持续几千年。波希瓦公司预测，1万年后，昂科洛将位于内陆地区，离海边15公里。

面临如此变数，或许把废料藏起来，相信未来人不会好奇心太过旺盛，是最靠谱的解决方案。显然，信任是芬兰方案的基石，他们不仅仅信任当代芬兰人，也相信子孙后代的智谋和忠诚。昂科洛是一项横跨数代人的大工程，与此前的所有工程项目都不同。或许，最终封上昂科洛的工程师的曾祖父母现在还未出生。封闭昂科洛就像是在为一个从19世纪开始的工程画上句号，那是航空旅行、互联网或抗生素都尚未发明的时代，当时，连芬兰本身——1917年从俄国获得独立——都还不是一个国家。

安妮·孔图拉（Anne Kontula）加入了我们，她是昂科洛挖掘项目的水文地质学家之一。我问她怎么看待把警告信息传给未来的尝试。"我觉得不现实，"她斩钉截铁地说，"想想100万年里会发生多少事——从地质角度来说这段时间不长，但对人类来说已经长得没边了。"我重复了帕西的观点，要为下一次冰期做准备。她点点头，说"就算有气候变化，地球的冰期系统还是会继续生效。50 万年后，二氧化碳浓度将会降到前工业时代。但我对我们的基岩有信心。"

我给安妮看了看 WIPP 标签的最终设计，包括里面用到的蒙克"呐喊"脸。她以前没见过这东西。她态度礼貌，但显然心怀疑虑。那个建筑师告诉我们，他提交了一版设计，要在 WIPP 的入口建一个由 1 万块石头组成的环状结构，就像罗伯特·史密森（Robert Smithson）的《螺旋形的防波堤》（*Spiral Jetty*），每块石头上都刻有星图。每年都会有专人搬走一块石头，直到最后露出开口。

"我们还有 100 年可以用来考虑。"安妮说。"但你肯定有偏好吧！"我说。她的回答很坚定："确实——我不想标记它。"

我离开桌子去倒茶。帕西也在水壶边，我问他，昂科洛被埋起来以后，未来会不会有人讲述关于它的故事，就像新的《英雄国》。"问得好！"他说，"有些人确实想给它涂上神话的色彩。"他告诉我，昂科洛这个名字，刚开始只是研究者内部使用的代号，但用了一阵子以后，就正式确定了下来。他说，昂科洛这个词的意思是动物居住的洞穴。"森林里的动物就住在昂科洛里，比如狐狸之类的。""就像地洞？"我问。"不完全是吧，"他说，"是指你不想把手伸进去的地方，害怕可能会被咬。"

我们登上小巴，出发前往处置库。一共有两个库：一个收纳低水平和中等水平的废料，另一个比较深，收纳高水平废料——就是昂科洛。"这是一片老龄林，"小巴驶过时，帕西解释道，"可以看到白尾鹿和驼鹿，沿岸还有海鹰。"最近，有人在50公里开外的波里（Pori）看见过两头狼。"这就是英雄国的土地！"他兴高采烈地说。

经过核电站时，帕西说起核电站最不同寻常的副产物。用来推动涡轮机的大量加热水中，有一些被打入了地下，于是土层在严冬也不会封冻。有人抓住这个机会，种起了葡萄，还酿酒。"我们把这个叫作昂科洛酒庄。"帕西说。他又补充道："但酒不怎么样。"听来仿佛觉得十分遗憾。

我们首先前往埋藏低水平和中等水平废料的处置库，这种废料和WIPP收储的辐射衣物和工具相似。它有可能是任何东西，可以是现场载具的车库，也可以是变电站：一个矮而宽的方型装置，放在土方工事的空处。我后来才知道，这是用从昂科洛挖出来的材料建造的。然而，在进入入口后，道路仍在延伸，一直冲进岩石中。

里头很凉爽，条形灯照得灯火通明。暴露的花岗岩墙壁上夹杂着白色石英，度过黑暗的千百万年后，它在人造光下闪闪发光。"这些石头已经有 19 亿岁了。"帕西感叹道。我发现墙上刻着很深的平行线，每一条线的末端都有一个浅坑——就像标点一样，标记出挖掘隧道时的爆破点。我又想起自己在爱丁堡国立博物馆库房里握住的那把 20 万年前的石斧，上面砸出来的如波纹般的圆坑，以及握住它时穿透我的心灵的、越过"深时"的联结感。每向前一步，我便走过了 1000 年。

在前面的大门边，我们领到了安全帽，坐电梯向下前往废料储藏处。

我们走出电梯，映入眼帘的场景把我吓了一跳：地下 60 米的深处，竟也有生命。电梯旁的墙壁生机勃勃，覆满了潮湿的绿苔藓，在灯光中繁茂生长。

帕西带我们走进洞穴储藏室。房间有飞机库大小，两侧都有抬高结构，看上去像讲台，每个都大得能踢足球。墙壁干干净净，闪闪发亮，新鲜涂料的味道充斥着我的鼻腔。"废料就储藏在这里，"他指着两侧的讲台说，"一个放低水平废料，一个放高水平废料。你闻到的是放射性衣料衰变的味道。"

离开腔室前，我们都接受了检查，以确定吸收的辐射量。我的读数是 2.2 毫西弗（mSv），相当于我在家里全年吸收的背景辐射总量。"这里非常安全，我们还会带大批中小学生下来参观。"帕西说。回到地面后，我夸张地松了口气，表示自己终于又呼吸到了新鲜空气。我们登上小巴。下一站，昂科洛。

在处置库大门那里，我们见到了亚里，他是我们在黑暗中的向导。他的职责是炸开岩石。"你喜欢这工作吗？"有人问。"有时还挺不错的！"他说，咧嘴一笑。我们再一次领取了保护装备，亚里把我们带进另一辆小得多的火车里。

我扶着车架往后座钻，亚里——他没看见我——砰的一声关上了驾驶座门，差一点夹到了我的手。我猛地把手抽了回来。"糟糕！"他说，但我对着他动了动手指，表示没出事。

我们挤进小型火车里，我低头看了看左手：我穿越了几百英里来到这里，刚才只要差之毫厘，我的旅程就结束了。

但我们向前开去。通往昂科洛的道路仿佛要把我们倒进岩石里，左拐右拐，像一条巨大的舌头，感觉有点像被吞下去。白天的光明立刻消失了，我们沐浴在昏黄的人造灯光里，向下沉去。

过了大概5分钟，在200米左右的深度，我们停了下来，让摄影师拍照。货车外，空气带着霉味。前后两侧的道路都隐没在黑暗之中。墙上以固定间距挂着指示牌，指示距离或消防点以及紧急通道的位置，但这些人类秩序的迹象却完全无法打消周围的原始感，我们站在一个古老的，还没完全建成的地方。紧急出口标志上画着一个极简人形朝黑色出口奔跑的图像。墙上还有更多的划痕，像是巨大的手指在湿黏土上留下的痕迹。窄窄的水流滴答落下，但和另一个处置库不同，这里没有生命的迹象。水缓缓地穿过芬诺斯堪迪亚地盾的紧密裂缝，上一次水落如雨时，可能已是几十万年前了。

我问亚里，建造现有的 5 公里隧道一共挖掘出了多少岩石？他不知道总量，但据他估计，光是去年就挖了 10 万吨。

我们向下走到 450 米深，在处置库的交通洞停下。几条隧道向四面延伸开去，还有庞大的、长得像昆虫的挖掘机器。我们偶尔走到一边，给呼啸而过的货车让路。四周暖和了些，还算不错。帕西告诉我们，他们准备在这里给建筑和废物处理的相关工人建一些生活设施，包括澡堂，甚至还有咖啡馆。处置库和地面之间会建一座超快电梯。在一段时间里，昂科洛会像地底村庄一样，充满施工的声音和挖掘工人的说话声。一代代人都会在这里工作生活，等最后一条隧道也被封住，这座岩石中的村庄所留下的唯一事物就是最后一代骨干工程师的记忆。

探索交通口时，我发现这一深度的墙壁和另一个处置库的墙壁看起来不太一样。为了避免落石，每一个挖掘面，包括天花板，都覆盖了铁丝网，再喷上混凝土。我靠近端详，看见细细的金属纤维，就像支棱起来的头发，从坑坑洼洼、像粥一样的表面钻出来。我试着想象我们头顶岩石和时间的重量：处置库拥有惊人的耐心，忍耐我们短暂的入侵，等着再一次封闭。

我们的最后一站是研究区隧道，工程师在那里改善最终处置方案。这样的隧道一共有三个：其中一个站满了工程师，忙着在里面钻孔；另一个则用来测试处置隧道的封闭方法，已经被混凝土封上了；但最后一个很有折中特色，还开放着。它比我们经过的通道窄很多，一端已经被封死，隧道内弧光灯散发着冷光。墙上乱糟糟地挂着电线，远端放着一个发电机，还有好几捆电线。地上固定着三个巨大的圆形混凝土盖，盖子之间的间距相等，直径 1.5 米左右，中间有一个小小的方形阀门。亚里打开第一个盖子的阀门，用火炬照亮下面 8 米深的柱状钻孔。

一道绿光闪过，我吃了一惊；那是一个水池，我在兰杰的露天矿坑底部见过这样的绿色。亚里说，他们有时候会把水染色，看它会流到哪里。

虽然挤满了建筑材料，但看着这条隧道，我只觉得神圣。乏燃料将在这里进行最终处置，这是为遥远未来准备的圣龛。那是一种出人意料的感动之情。处置隧道和通道都会回填到地面，但如果 1 万年里，有一个毅力超强的人，一路挖到了这里（挖走黏土和回填材料比开掘基岩要简单多了），他们就能看见这个场景。我感到时间在向前流淌，仿佛我自己的感受突然和未来访客心中的兴奋交织在了一起。在黑暗中竖直着埋葬几千年后，当混凝土封盖被搬走，铜桶反射出第一缕光，他们是会感到恐怖、狂喜，还是崇敬？我能想象到，当混凝土盖被掀开，露出闪闪发光的亮盖时，他们倒抽冷气的声音在小小的隧道里回荡。桑波的传说会在这里被铭记吗——他们是否会知道，自己找到了神话的源起？

我问帕西，回填前隧道里会留下别的东西吗？"他们可能会把之前的都拿走吧。"他回答。但我想，被留在这里的东西将泄露在地底制造金库者的许多信息。不仅仅是处置厅和里面数以千计的桶，还有混凝土铁丝网覆盖的墙面、深深的刻痕、工程师澡堂的热水管。我猛然意识到，走过横跨福斯湾的新桥后，我经过了许许多多条道路，而如今我脚下的这一条，在地下几百米深的道路，最有可能保存下来，变成未来化石。当地面路网的痕迹消失殆尽，穿过昂科洛的 42 公里道路仍然存在，虽然被回填，却丝毫无损，表面依然光滑，难懂的告示牌还在，包括紧急撤离标签上奔跑的人。我不由得想，未来的侵入者会把这看作逃离危险的警告，还是会看作鼓励的信息呢？其他的告示牌也会保存下来。昂科洛周围的区域布满了钻孔，那是研究基岩所留下的痕迹。

波希瓦公司的最终处置报告预测了 100 万年后昂科洛遗迹将残留什么。板块运动不会造成太大影响。冰川周期循环可能会侵蚀地面封堵层和部分回填隧道；但同时，在这个时间尺度上，沉积作用也会让整个结构离地表更远。几千万年后，处置库可能会升上地面，交通隧道可能已被磨去，部分处置厅则暴露出来。在这样的情况下，部分储藏物质可能会散落到环境中，但此时，它的伤害性已经和自然界中的铀没有差别。在极长的时间尺度上，它们甚至会变成铀矿原石的样子。铜桶可能部分朽坏，变成硫化铜，但因为溶解度低，即使在这个时间点上，铜桶也基本上是完好的，因此，最终处置材料所残留的物质，在被封存于地下 40 万代人后，可能会被发掘出来，依然闪着微光。

亚里让我们顺着交通隧道往前走，前面有条新支路。支路是完全漆黑的，但在他打开墙灯后，一切突然生机勃勃地跳了出来。我们挥舞着手电筒，照亮了纠缠着的绿线，那是地质学家用绿漆喷在基岩上标出的裂缝和断层线。每一条线都有编号，数字和红点看起来就像花朵和花蕾一样，最深的岩层里长出了绿藤，攀附在昂科洛的黑色墙壁上。

打造桑波后，伊尔玛利宁的故事还没结束。在山坡底部，铜线之中，9 英寻之下，桑波并没有停留太久。

把桑波交给洛希后，伊尔玛利宁向她的女儿求爱，但对方对他无意，也不想离开黑暗北地。伊尔玛利宁沮丧地回了家，狡诈的老维纳莫宁听见他痛苦地嘟囔着自己失去了亮盖。维纳莫宁对神奇的桑波升起贪念，便和伊尔玛利宁以及一个叫法尔明德（Farmind）的小伙前往北方，打算偷走伊尔玛利宁的神奇造物。

维纳莫宁用魔曲催眠了洛希，伊尔玛利宁在她的 9 把锁上涂上黄油，以免铰链发出声音，法尔明德则去取桑波。他费尽力气拉扯，那东西却纹丝不动，维纳莫宁便从附近的田里拉来一头公牛，犁开固定桑波的根系。三人将桑波藏在船上，连忙出海，逃之夭夭。

凯旋的窃贼高声歌唱，歌声飘过海洋，一只鹤被惊动，尖啸着穿过北国，惊醒了沉睡的洛希。惨重的损失令她悲伤无比，起身追赶，大战随即爆发。洛希在浪头上奔跑，追上了维纳莫宁的船；她变成老鹰，利爪划过船帮；她站在桅顶，几乎把船弄翻，直到维纳莫宁绝望地向她问好，询问她是否愿意分享桑波。盛怒之下，洛希拒绝了他的请求，混乱之下，桑波落进水中。三个小偷看着沉黑的水面吞没了亮盖，猛烈的海浪将它击成碎片。

绝望之中，洛希翻身冲向黑暗北国，利爪握着亮盖的把手。维纳莫宁与同伴蹒跚着回了家，却发现自己看似大败，实际上却大胜。在登陆处，海岸上散落着桑波的碎片。维纳莫宁将碎片收集起来，用铁栅栏和"石头堡垒"守护它们。在故事的最后，老维纳莫宁向未来祈祷，希望在太阳与月亮的见证下，他的子孙后代都不会遭遇厄运，希望他从北国山底 9 英寻深处追回的亮盖碎片所带来的财富不会被敌人偷走。

在《切尔诺贝利的祭祷》中，阿列克谢耶维奇描述了灾难发生后立刻被派去"清理"现场的士兵的证词。他们没有拿到保护服和专用设备，而是被塞了一把铲子、一个桶，只穿着军服，便要去做挖掘工作。他们的职责是把看见的所有东西都埋起来：树木、植被，甚至是表层土壤。"我们把土埋在土里，"他回忆道，"还有甲虫、蜘蛛和蠕虫，我们埋葬了整个独立的国度。我们埋葬了一个世界。"

在拉塞尔·霍本看来，想要讲述故事的持续冲动所对应的符号，就是俄耳甫斯身首分离的头颅，喋喋不休地哀叹着他可悲的命运，直至永恒。我们所埋葬的事物也像这个头颅，永远唱着可怕的歌。把人类至今制造的最危险的东西埋在这么深的地下，预示着希望。我们把核废料小心翼翼地藏起来，是因为我们不愿它伤害到子孙后代，或是把附近变成不毛之地。但我猜，我们之所以这么做，也是不想毁掉后世人对我们的评价。昂科洛和 WIPP 这样的地方，在大地上挖出巨洞，里头填满寿命漫长的核副产物，这里面包含的不仅仅是我们的核子探险所留下的残余，我们自己也埋在了那里——至少是某种我们希望被遗忘的形象。我们埋葬了一个认识：我们是对未来前所未有的威胁。就像俄狄浦斯一样，我们希望自己身后之物安息在离城市很远的地方，让尘土覆盖我们，让我们的罪恶消失在人们的记忆中。而这其中深藏着一种希望，希望我们制造的这个世界——充满了不断增多的病国和视野以外的死亡，以及时间下闪烁的时间——也可以跟随我们安息，被时代遗忘。

CHAPTER

0 7
不应空虚之处

　　1927 年 6 月 28 日晚上 10 点左右，弗吉尼亚·伍尔夫在国王十字车站登上夜班火车，前往英格兰北部。那天是周二。与她同行的有丈夫伦纳德·伍尔夫（Leonard Woolf）、外甥昆汀·贝尔（Quentin Bell）、薇塔·萨克维尔 - 韦斯特［Vita Sackville-West，伍尔夫次年出版的《奥兰多》（*Orlando*）一书中性别流动的主角便是以她为原型的］及其丈夫哈罗德·尼科尔森（Harold Nicolson）。伍尔夫穿着皮毛绲边大衣，吸着雪茄。火车人满为患，但尼科尔森和萨克维尔 - 韦斯特还是睡着了，他的头枕在她的膝上。经过铁路道口时，他们看见汽车大排长龙，车灯在黑暗中耐心地发出亮光。凌晨 3 点，一行人吃了三明治。半小时后，火车到达约克郡的里士满。伍尔夫一行人收拾行囊，坐公共汽车前往巴顿丘陵

（Barden Fell）。

到达后，他们发现丘陵和火车一样挤。这儿的车更多了，有些人在车旁铺开防水雨衣，开起了临时野餐会；拖家带口的农场主穿着深色衣服，打扮得整整齐齐，是礼拜日最得体的模样。他们都是因同样的理由聚在一起的：在黎明看一场英国两百年来的首次日全食。

那是一个寒冷而苍白的早晨。人群静静地，陷入沉默之中，仿佛在等待奇迹降临。伍尔夫看着这场景，只觉得像德鲁伊教徒梦回之日，山岭上站满了翘首以待的人，就像复活节岛上的雕像。"我们的感知仿佛大不相同。"后来，她如此回忆。工作日的庸常消失了："我们和整个世界联结在一起。"地面潮湿，乌云覆日。他们的脚都被打湿了。人们跺着脚取暖，担心滚滚而来的云层会把景色遮住。

突然，阳光刺破云层的缝隙，在云层密布的天空上奔跑，夺目的金光穿过发闷的清晨。

寒冷的空气凝固了。蓝色变深，深得发紫；人们的脸庞染上了一层绿色，仿佛身在水下。世界开始失去颜色。"影子来了，"朋友彼此低语，"这就是影子。"沼泽地被黑暗笼罩，伍尔夫说，"就像侧倾的船只"，节奏缓慢，却无路可逃，直到危机终于降临，船身避无可避地翻了过去。而后，猛然间，所有光线和颜色都被抹除了。

日食时间很短，不过 24 秒，光线回归时，仿佛世界重获新生；然而，伍尔夫后来在日记里写道："我们看见了世界的死亡。"

伍尔夫在《太阳与鱼》中复述了这次日全食，在这篇小品文中，她描述了从思维的深湖中打捞出的记忆是怎么互相粘连的。巴顿丘陵的回忆和一次在闷热中前往肯辛顿花园的旅程联系在一起。外面，伦敦的夏日压抑地嗡鸣作响；然而在他们的水箱中，银蓝色的鱼在被阳光照亮的水里平稳地游动。它们发着微光，几乎透明，在伍尔夫看来仿佛一种经过伟大设计的形象，它们的形式与存在完美统一。

她陷入了向往与憧憬中；而后，就如阴影遮蔽太阳一般，记忆之眼猛然紧闭，如同光线在视网膜上留下的印记，她眼前只剩下"死亡的世界和一条永生的鱼"。

"我该如何表达黑暗？"伍尔夫在日记中写道，"那是猝然沉沦，出人意料。"

物种的灭绝划分了地球的历史时期。许多灭绝潮只是给全球生物多样性带来了有限影响，但五次大灭绝事件，每次都使生物多样性猛跌至少 75%：奥陶纪 - 志留纪大灭绝、泥盆纪 - 石炭纪大灭绝、二叠纪 - 三叠纪大灭绝、三叠纪 - 侏罗纪大灭绝和白垩纪 - 古近纪大灭绝。在最后这次大灭绝中，恐龙从地球上消失，同时伴随着哺乳动物的崛起。最严重的是二叠纪－三叠纪大灭绝，由于大气快速暖化、海洋急速酸化（这是因为火山活动突然剧烈增加），96%的物种从地球上消失，包括所有珊瑚礁。从星球角度看，灭绝一般都发生得很突兀。对于彗星撞击所导致的大灭绝，突兀是显而易见的，而火山活动等气候因素也能导致全球温度、大气组成和海洋化学成分快速波动，并给生命带来猛烈的冲击。据估计，生物大灭绝持续了6万年；相对于地球的45亿年历史而言，这不过相当于一天中短短24秒的日全食。

如今，生物灭绝的速度正在加快——虽然估计值究竟是基线速度的100倍还是1000倍仍然存在争议，但人们已经对这一倾向及其背后的原因达成了共识。狩猎已经让许多具有魅力的物种就此消失。栖息地不断收缩，求生资源也因人类发展而不断缩水；气候变化改变了动物与其环境之间的联系。2019年，生物多样性和生态系统服务政府间科学政策平台（Intergovernmental Science-Policy Platform on Biodiversity and Ecosystem Services）发出警告，高达上百万的物种面临灭绝威胁——相当于现存所有动物、植物和昆虫种类的12.5%。然而，濒危物种中只有1/4得到了详细研究。大部分受威胁物种的研究还是一片空白，人类只是在演讲中提及它们，在给人留下印象之前，它们很可能就已经消失了。我们将永远不知道自己失去了什么。

人类在生物多样性丰富的世界中演化而生，但我们使天平极端失衡了。现在，所有野生动物的生物质已不足人类的1/10；如果再算上牲畜和宠物，人类自身加上我们爱吃和喜爱的动物的生物质已经占全部陆地生物的97%。化石记录也将显示这种同质化，除南极以外，每一块大陆的化石里都会不断地出现寥寥几种驯化动物的骨头。

在全世界的每个角落，影子都在大步向前；在曾经多姿多彩的世界里，生命正在堕向黑暗与死寂。有人预测，我们正面临第六次大灭绝，每天，高达200个物种跌进了永远的暗影中。除非停下这一轨迹，否则我们肯定会见证与泥盆纪-石炭纪不相上下的大灭绝，在3万~5万年前，将近一半的大型哺乳动物灭绝。这将在未来化石中留下一个缺口，这个演化空隙需要几百万年才能恢复。

伍尔夫的故事让我想起安妮·迪拉德（Annie Dillard）的小品文《日全食》，描述了1979年2月26日华盛顿州的一次日全食。对于迪拉德而言，这次经历就如从时间中坠落。在她的叙述中，月影在尖叫声中降临，仿佛久被埋葬的恐惧涌上了观众的喉头。随着黑影覆盖太阳，一片阴影也降临到人群的意识之中，他们的世界变得死寂而遥远，只供黯淡的记忆和模糊的依恋栖居。迪拉德写道，在阴影统御之时，在当地聚集的人们仿佛曾经热爱生命、热爱地球，却再无法回想起那股热爱。人们之所以尖叫，是因为月影穿过山谷的速度如此迅捷。影子有 195 英里宽，仿佛无穷无尽，并以每小时1800 英里的速度移动。然而，日冕却仿佛一动不动。她写道，那就像一场"凝固的爆炸"——就像地衣缓慢的生长，肉眼无法察觉；也像蟹状星云爆炸的图像，每天扩张 7000 万英里，但相隔几十年的照片也显示不出它的变化。

今天，我们就生活在这样一场凝滞爆炸的中心，深陷幻觉，以为万事万物一如往常。1990 年代中期，这种幻觉有了一个名字。海洋生物学家丹尼尔·保利（Daniel Pauly）发现，每一代渔民的认知都有一些微妙的变化。传言和照片都能证明他们的渔获正不断缩减，但每一代人都认为自己的渔获量是正常的，而前几代渔民更大规模渔获的故事都被他们看作渔民在吹牛。本应清晰可见的减量就这样被淹没在流言之中。保利借用景观设计学的术语，将这一现象称为"基线变化症候群"。每一代人都认为，他们那更加寂静的世界正是世界一如既往的模样。

这种世界给人带来的体验令人感到阴森。文化批评家马克·费希尔（Mark Fisher）把阴森定义为空虚感，我们对这种空虚感可能有所预感，也可能没有。费希尔写道："当本应存在的事物并不存在，或本应空无一物却出现了事物时，阴森感便随之而生。"根据生态学家延斯－克里斯蒂安·斯文宁（Jens-Christian Svenning）的看法，早在文字历史出现前多年，人类就不知不觉地占据了许多阴森的区域。他辩称，在世界各地，我们眼中的荒野上都游荡着大型动物的鬼魂。虽然大型哺乳动物（重量超过 44 公斤）群现在只能在小生境①中找到，但 4000 万年来，它们其实随处可见。气候变化可能是 5 万年前导致泥盆纪－石炭纪大灭绝的因素之一，但主要因素仍是我们：智人在非洲以外走到哪里，大型动物群数量便会锐减。

然而，它们并不是就这样消失了；相反，它们所留下的空缺一直持续到今天。大型动物扮演着重要角色，为多种大种子或大果实的植物进行扩散，已灭绝的大型种群很可能也承担着这种责任——直到它们彻底消失。

然而，演化变迁需要很长时间。现存的许多植物物种仅能适应现在的地球环境；大部分植物所适应的主要环境是被人类改变前，如今已经消失的环境。第一波人类导致的灭绝对生态造成了深远影响：由于失去了传播者，有些植物的分布范围锐减；食草动物的消失导致某些植物失去了天敌，数量猛增。据说曾经覆盖欧洲和北美洲大部分区域的密林很有可

---

① 生物在生态系统中的行为和所处的地位。

能就是大规模灭绝所致。

黑暗原始森林的形象——充满神秘的魔法区域，可能掩藏着另一种现实——是全球各种文化想象的基础。然而，它之所以如此诡异，如此吸引人，可能是因为直觉告诉我们，这不是正常现象。或许，我们继承了某种对丰盛的期待，以至于寂静会令我们退缩，并疑惑这空白之处是否本不应如此空虚。

然而，变化不总是来得这么慢。人类推动的演化在每个生物分类群中都有所体现（包括动物、植物、真菌和微生物），其速度远远超过了自然演化。自从农业出现以来，我们已经驯化了474种动物物种和269种植物物种。人类世的选择压力——气候变化、海洋酸化、土壤及水污染、入侵物种和入侵病原体、杀虫剂和城市化——催迫不同物种走上了新的演化之路。昆虫和杂草产生了杀虫剂抗药性；养殖鱼类比开放海域的鱼类成熟得更早；人们观察到动物改变行为、体型和颜色，以应对入侵物种。有些动物在学习适应城市环境时，丧失了它们与同类物种的相似性：库蚊（Culex pipiens molestus）是一种常见的家蚊，演化使它们只能在伦敦地铁隧道的死水潭里繁殖，并与地面蚊产生了生殖隔离。在不断积聚的寂静中，我们在屠杀幸存者的身体上书写着我们自己。

有一个物种在我们创造的世界里如鱼得水。密集的水母爆发越来越常见，有时密度增加到每平方米 10 个水母，水母潮可以蔓延数公里，将水体挤得密不透风，甚至让人感觉可以在水面上行走。在日本，越前水母（Nomura's Jellyfish）——这种巨型水母可以长到 2 米，体重高达 200 公斤，就像一个漂浮的冰箱——的爆发潮曾经 40 年一度，但现在已经成了年年发生的常态。水母潮规模极其庞大，据称可以困住渔船。2006 年，人们估计全球水母的生物质重量已经是全球海洋所有鱼类生物质的 3 倍之多。水母的研究难度很高，人们对水母潮的起因和频率也没有深入的认知。即使如此，一些海洋生物学家仍然担心，这些动物会利用人造的种种因素大肆繁殖，使海洋回到前寒武纪那个被无骨触手生物统治的时代。

水母（这个词涵盖了超过 2000 个物种，包括刺胞动物门及栉水母动物门）其实并不是鱼，而是一种极其古老的生物。作为软体动物，它们很少留下化石，但威斯康星的采石场保留了罕见的证据，记录了一次上千只水母组成的大潮水，其中某些水母的直径达 3 英尺。5 亿年前，它们被冲到了曾经是热带海洋的海岸上。这些搁浅的生物仅几个小时内就被沉积物覆盖，变成了砂岩里的杯状纹路而保留下来——这些浅淡的影子见证了令人震惊的演化上的持续性。水母度过了几乎所有全球范围的灭绝事件，包括生物大灭绝事件，而且几乎没有产生太大变化。一些科学家认为，早在 6.4 亿年前，前寒武纪的海洋中，便已经有水母在游动，拥有矿化骨骼的复杂生命的爆发还在很久以后，而它们最终演变成了我们。

其他动物必须适应我们带来的改变，而水母却对此毫不在意，在越来越像史前时代的环境里繁荣生长。前寒武纪时代海洋的含氧量远远低于现在的水平，然而，全球的海洋都在经受着生命的流逝。巨大的海洋死亡区与人口最为密集的沿海区域接壤，包括孟加拉湾和墨西哥湾。当水体营养化程度上升时，死亡区便出现了，这是因为低水层因富营养化而缺氧，这使得最靠近海床的海底水层变得不宜多种生物生存，并随之对食物链中更高级的生物产生影响。

导致这一现象的主要因素之一是氮过量。在地球历史的大部分时间里，氮都是非常充足的——氮气占大气含量的 78%，而且由于化学键极其坚固，氮气也很难代谢。大概在 250 万年前，某种微生物找到了一种方法，用惰性气体氮合成核酸和蛋白质，并开启了现代的氮循环。然而，1911 年前，活性氮仍然极其稀缺，直到德国化学家弗里茨·哈伯和卡尔·博世研究出工业合成活性氮的工艺，通过将惰性的氮气与天然气制备的氢气在极高压极高温环境下混合来进行合成。25 亿年间，氮循环遭到了最为剧烈的干预。1960~2000 年，氮肥的使用量上升了 800%。再加上汽车尾气中的氧化氮，人类活动使自然的陆地固氮作用翻了一番。

大量人类生产的氮，加上其他工业及农业废料中的化学衍生物，如磷等，不经处理便被排入全球的河流和水道。根据化学家詹姆斯·埃尔瑟（James Elser）的说法，"全球到处充斥着氮，就像无意之中开展了一场世界范围内的生化实验"。过量的营养物质促进了食物链底部浮游植物的生长，刚开始这会导致生物大爆发，从小小的桡足动物到鲸，所有生物都在这从天而降的盛宴里分得了一杯羹。然而，盛宴并不是免费的。藻类爆发规模太大，无法在短时间内全部吃干净；死去的浮游生物沉到海床，一起沉降的还有在盛宴中大吃特吃的食草动物产生的大量粪便，宴席进入第二场，这次大吃特吃的是微生物，同时消耗了底层的绝大部分氧气。由于导致藻类爆发的富营养化水体温度较高，盐度与海水相比较低，它漂浮在上层，就像蜂蜜罐的盖子。整个水体分成了健康和不健康的水层，使得水层之间无法互相流动，较低水层无从补充氧气。结果，整个区域的水体都几乎（低氧）或完全（无氧）失去了氧气。很少有生物能在这样的水体中存活，只剩下细菌和水母。

　　死区的数量从 1960 年开始，每 10 年便翻一番。这一现象从 20 世纪初便已出现，但没有记录显示在变成死区后，生态系统还能够明显恢复。2011 年，全球已经有 530 个死区。

　　我们可能正在走向转折点，生态系统将从有益于鱼类生存变成由水母统治的海洋。如果我们继续耗竭大面积的海洋区域，那么，就像伍尔夫那侧倾的沉舟，在超过某个界限后，这一变化将再难抵御，扭转颓势也将极其艰难，甚至毫无希望。考虑到这一点，我们可以把如今的水母潮当作有未来化石潜质的活生生的例子，它们在过度捕捞的海域里漂浮，其身处的水体已经过于酸化，不适于甲壳动物形成贝壳。在生存条件急剧恶化而本应空无一物之处，仍会有某些事物流传。

无论软体动物在岩石中留下化石的可能性多么渺茫，一旦水母再次统御海洋，在未来空荡荡的海洋中，可能就得靠制造了威斯康星采石场化石那样导致大量水母搁浅的灾难，才能留下证明生命存在的化石。

这一路行来并不平顺，船只被浪头上下甩动，当终于踏上坚实的地面时，我着实松了一口气。我们在旧船库靠岸，船库墙上挂满了渔网、柱子，还有一辆亮粉色的自行车，船库天花板下的水体绿得发亮。然而，室外的天空却呈现一种夏季特有的浓烈的湛蓝，空气中充满了切割松木的温暖味道。小码头右边，三个男人正在建造新船库，它是一排崭新的木制建筑里的一员——每一幢楼都用传统的砖红色染料法鲁（falu）粉刷——这是斯德哥尔摩大学在阿斯科岛（Askö）上的波罗的海研究站。

阿斯科就像一根 10 公里长的窄窄的手指，穿过斯德哥尔摩南部的半岛，而野外工作站就被环抱在其西部的凹陷处。访问学者来来去去，这正是他们工作的常态；除此之外，常住岛上的只有一名农夫和他的牛。我和几位瑞典同事同行，来见工作站的前站长莱娜·考茨基（Lena Kautsky），以进一步了解会导致水母潮爆发的特殊海洋环境。

波罗的海是全球最大的海洋死区。这片海与 9 个欧洲北部国家接壤，总人口达 8000 万，唯一的出海口通往北海，而北海离其最宽处仅 20 公里。波罗的海汇集了农业化学废水、未处理污水、塑料垃圾、工业毒素及重金属、芥子气等被抛弃的化学武器，以及来自切尔诺贝利的放射性核素。所有波罗的海国家联合成立了一个伙伴组织——波罗的海海洋环境保护委员会，旨在保护当地区域并缓解污染。该组织最新发布的报告估计，这片海 97% 的水体已经受到富营养化的影响。

然而，我们面前的景象看起来似乎毫无不妥之处。岸上海鸥来回飞翔，几只鸭子在码头逡巡（后来我们才知道，里头有三只是塑料鸭子，用来标识水下的潜水路径）。耳中只听到搭建新船库的工人偶尔发出敲击的声音。

莱娜带着我们穿过研究站，走进一间光线充足的房间，如钟塔般架在中央建筑上。她刚退休，戴着银质墨角藻项链，一头烫平的秀发披在肩上，脸上带着无穷无尽的温柔。房间里布满了窗户，窗外是树木繁茂的低岛和光秃秃的岩岛。船库后，在我们登岛的地方，我看见研究站的两条新研究船。大船叫"伊莱克特拉"（莱娜说得名于苔藓虫类 Electra pilosa，不是阿伽门农和克吕泰涅斯特拉的女儿）；小船叫"奥蕾莉亚"，得名于 Aurelia aurita，海月水母的学名。

阿斯科是 1960 年代初建立的三个研究站之一，当时被瑞典媒体称作"杀人藻"（mörder algae）的藻类爆发让瑞典海岸附近的生态系统一片荒芜。固氮蓝藻，也叫蓝绿藻，会在波罗的海周期性爆发。莱娜告诉我们，从海床收集的沉积物种甚至有证据表明，浮游植物爆发潮在中世纪的温暖时期也十分常见。然而，氮污染和磷污染让情况严重恶化。

波罗的海的特点导致其极易富营养化。它是世界上最年轻的海，成型于上一次冰期，1.2 万 ~1.4 万年前，但它底下的基岩和用来承载昂科洛的基岩是同一块。冰川收缩后，陆地抬升活动和海平面的上升针锋相对，波罗的海地区一直在淡水湖和咸水海之间摇摆。约 7000 年前，现在的形状定型后，波罗的海成了仅次于黑海，世界上第二大的微咸水体。再加上波罗的海与北海之间的狭窄联系，以及波罗的海像水槽一样的形状（由一系列深达 460 米的大盆组成，周围被浅岩床环绕），微咸水体意味着这里的水体天然分层，较轻、盐度较低的顶层水使含氧水无法向下混合。

莱娜解释道，富营养化最严重的时期是 1970 年代到 1980 年代。波罗的海的部分区域此后有所恢复。"当时，我不能在斯德哥尔摩群岛附近的海里游泳，"她说，"现在到处都能游。"然而，被群岛包围的内沿海区域恢复起来和开放海域很不一样。她告诉我们："受影响最严重的无氧水区就在哥特兰盆地（Gotland Deep），尺寸相当于整个丹麦。"

我问莱娜，海洋面临的未来是不是要与死区共处。她坚持称，存在好转的迹象：近期研究表明，废水处理及工农业废物管理的进步（至少在部分波罗的海国家如此）使氮浓度下降，磷浓度趋平。然而，波罗的海有自己的节奏，不受政治命令左右。唯一的狭窄出海口意味着波罗的海与北海之间水体的完全交换非常缓慢。莱娜说，如果我们把波罗的海的海水染红，红色要 30 年后才会消失。

她带着我们下楼，楼下墙边放满了鱼缸，里头养着波罗的海最常见的生物。鱼缸满足地吐着泡泡，但显得十分空旷，有些古怪。鱼缸里没有闪电般来去的鱼类，只有大叶草、墨角藻和蓝贻贝。只有寥寥几种生物适应了微咸的波罗的海的海水，因此其生态系统天然就较为脆弱。墨角藻占据了阳光所能穿透的浅水位置，达水面下 12 米的深度；岸边则长满了蓝贻贝。这些滤食动物每小时可以过滤 1 升水；一年内，波罗的海的所有蓝贻贝可以过滤的水量相当于整片海的所有海水。

然而，这也使它们成了毒素的收集器，被鸟类捕食后，毒素便随之沿着食物链向上富集。

除大叶草和海藻外，便几乎没有别的东西了。莱娜告诉我们，波罗的海底部的沉积物里只生活着大概6种生物："所以也很容易研究！"

波罗的海生态系统如此简单，显得很不同寻常。这是自然形成的物种稀缺，因为只有几种生物适应了这种特殊的环境。然而，它也像是一种警告，预兆着死区扩散后，其他更丰富的海域会变成的样子。去阿斯科前那个月，我去了斯文·洛文海洋基建中心。这也是一座海洋研究站，位于瑞典支离破碎的西海岸的谢讷岛（Tjärnö）。北海的大型海洋生物丰富性急剧下跌——4公斤以上的鱼消失了97%，但和波罗的海相比，这些水域的小型生物种类仍然很丰富。然而，在这些水体中，环境条件的改变也在威胁生物丰富性。莱娜告诉我们，她在谢讷岛上有座房子，在那常常能看见海月水母潮，无边无垠地延伸开去。

谢讷岛上长满了松树、云杉和5000万岁的拥有粉红花纹的花岗岩。就像在阿斯科一样，阳光温煦地落在谢讷蓊郁的岛面和建筑林立的海岸上。谢讷站比波罗的海站大，有一群研究人员、学生、访问学者，以及他们的家人在这里长住。登上中心的研究船时，孩子们在浅海里玩水。一切都温暖、湛蓝、平和无比。

我们的船长叫谢斯廷·约翰内松（Kerstin Johannesson），是一位海洋生态学家，她的人手被大幅削减，本人显得饱经风霜。"这艘船是哥德堡大学副校长唯一管不着的地方！"她说着，咧嘴一笑，与我们一行人一同前往科斯特峡湾（Koster Fjord）。

虽然在过去3亿年里积累了250米厚的沉积物，但科斯特峡湾的最深处仍深达400米。此行的目的是收集软质和硬质海底样本，观察北海海床上生活着哪些小生灵。据说，我们得做好心理准备。"如果不能全部认出来，可别怪我们。"谢斯廷说；我们要带回去的泥巴里住着超过6000种海洋动植物。

挖泥是粗糙与精细两个极端的结合。挖泥船像是个钢铁牛奶盒，后面挂着一张网。完整样本被拉到船上时，网里的东西就被扔在木平台上，用水管冲掉大部分丝绒材质以及亮晶晶的泥巴后，剩下的东西就会被铲到塑料箱里，船上有个水槽，用来手动过筛和分拣小小的样本。

第一批泥巴里是一大堆邮票大小的海蛇尾（brittle star），摇晃着长长尖尖的腕足。海蛇尾是一种海星。失去腕足后，仍可再生，因此在干细胞研究中具有重要地位。箱子里的断裂腕足数不胜数，在一大堆海蛇尾里盲目地扭动着，像多毛的奇怪小人。它们身上没有像脸或眼睛一样的东西，但后来我才知道，海蛇尾演化出了用整个身体视物的能力，也可以说，是靠骨头视物。它们骨架里的碳酸钙晶体就像小透镜一样聚集光线，使得整个生物就像一只复眼。

唰地一下，第二组样本像乱糟糟的碎碟子一样砸到了甲板上：蟹脚、灰白色的生蚝、暴雨般的贻贝壳碎片、圆胖的指状鸡海冠（Alcyonium digitatum，一种软体珊瑚，也叫"死人手指"）和皮革般的海带条。在光彩夺目的沉积物里翻翻拣拣，另一位海洋科学家马提亚·奥布斯特（Matthias Obst）扯出了一坨像是融化塑料的东西。"这就是你们的亲戚。"他宣布。那团东西是被囊类动物，一种无脊椎动物，在幼体期有原始脊椎。据说，某种突变使得某些被囊类动物的脊椎保留了下来，这一变化最终催生了我们这样的脊椎动物。这种动物穿着一件猩红色纤维素组成的"短袍"（因此而得名"被囊"），其柔软可塑的外壳就像塑料一样。马提亚用大拇指拨开外皮，露出了底下没有固定形状的动物，一团脆骨躺在他的掌心，随着船上引擎的轰鸣轻轻颤动。"没事的，"他看见我们面露警觉，说，"这不会伤到它们。外皮三个星期就长回来了。"

他把那只被囊动物转了转，朝向光。"它们也有心脏，"他解释道，"但挺难找的。"它们的循环是浪潮式的：朝着一个方向流七次，然后转向另一个方向。一道激烈的水流从它里面喷了出来（我学到，被囊动物也像贻贝一样是滤食性的），把我们吓了一跳，但我们都没找到心脏。

回到谢讷岛的研究站，我们把样本箱抬到甲板上，搬进实验室里。在科斯特峡湾的淤泥里的收获虽然已经令人惊讶，但在显微镜明亮的视野下，这片海洋的丰盈才终于展现出来：海蛇尾在聚光灯下舞动；一条近乎透明的海星腕足上排列着几百根奶油色的纤毛，正在款款摆动；还有一只扁球状的蟹眼。我捡起一个似皮革的海草碎片，上面印着银色的花纹。肉眼看来没什么出奇，就像水果上的霉、捏瘪的泡沫纸，但在显微镜下，这些灰色的光泽变成了紫侧孔珊瑚（lace coral）的完整城市。一培养皿的海水里蕴含着深不可测的世界，浮游植物和浮游生物微光闪烁，就如雨点般的银币。

冷水刺鼻，手指浸透了海水味。北海鱼群虽然枯竭，但它的环境依然至关重要，无数生命在其中繁衍生息。马提亚把我们叫到显微镜旁，他正在镜下剥掉另一个被囊动物的外衣。在那糊塌塌、黏液似的身体里，有一个小小的红点，随着全身浪潮般的推拉缓缓搏动。

在阿斯科，给我们看完水缸里模拟的波罗的海的环境后，莱娜把我们带到了真家伙面前。波罗的海海滩可能是海中的沙漠，但莱娜还是想让我们看看生命能够忍受怎样的环境。她带我们穿过丛林，来到潜水路线和塑料鸭子旁的一段海岸上，临近海边时，她脱了鞋，用脚趾在海水里拨弄。岩石边长着厚厚一层酸橙色的海藻，这是今年海藻爆发留下的痕迹。"水里的氮含量越高，水藻就越绿，"她说，"就像色卡一样，看海藻颜色就能知道水体富营养化的程度。"莱娜小心稳住身体，收回了脚，从趾间捡出一棵墨角藻。她脸上一亮，我总算明白为什么她会戴那么一串墨角藻项链了。她毕生的事业都倾注在这种海草上——她把它叫作"波罗的海的森林"——至今仍然对这种在如此岌岌可危的环境里坚持生存的坚韧植物心怀崇敬。

我们回头往研究站走，路上覆满了橙色松针，仿佛一张厚毯。莱娜告诉我，有家斯德哥尔摩本地餐馆来咨询她，哪种水母可以给客人吃，应该去哪里采购。我问："你自己吃过水母吗？""不，"她回答道，"但我吃过水母派。"我问："那是什么味道？"

"没味道。什么味道也没有，"她说，"就是一团咸水。"

我们以各种方式把海洋变成了几乎只适合水母生存的样子。富营养化水体十分浑浊，像鱼这样靠视觉捕猎的猎食者劣势明显，但对水母却没什么影响；水母的繁殖和生长速度也更快，因此能更好地利用丰富的营养。某些水母甚至可以通过身体直接吸收其所需营养的40%。过度捕捞减少了水母天敌的数量，同时缓解了会限制水母数量的竞争烈度。高强度的海底拖网捕捞用巨大的渔网耙过海床，彻底摧毁了适合鱼类的栖息地，如珊瑚礁，并制造了"微型礁石"——包括被丢弃的渔网碎片，以及海蛇尾断裂的小腕足——十分适宜水母水螅体的生长。底拖网也毁灭了会吃掉水螅体的底栖滤食者，如贝类。硬质材料的增加更是让情况雪上加霜，它们坚硬的表面为水螅体提供了攀附的依托。钻井平台、离岸风力发电厂、沉船、水产养殖、港口墙壁和海洋塑料垃圾都给水螅体提供了栖息地，同时，受伤的大多是别的海洋生物。有人认为，巨大越前水母潮可能是东海北部海岸线快速发展，混凝土堤岸全面铺开所造成的。

气候变化也造成了影响。水母代谢速度在暖水中更快，而酸化的海水使甲壳类动物的外壳变软；暖水甚至会促进某些水母品种的繁殖。船运航线连接起了世界各地的港口，同时也成了水母的高速公路，它们随着压舱配重水被吸进船里，又在目的地被排出，搅乱了遥远港口的新生态系统，这些环境并不适应这些新物种。淡海栉水母（Mnemiopsis）约鸡蛋大小，虽然个头不大，却在几十年内就扩散到了世界各地；从美国出发，它殖民了黑海、里海、北海、波罗的海和地中海。

水母的成功扩散带来了一系列出人意料的诡异结果。发电站一般都建在海边，以就近利用大量的水进行降温。2011 年 6 月，大量海月水母堵住了两座核能发电站的过滤系统，使这两座相距 5500 英里的发电站不得不暂时关闭：一座是托内斯核电站，离爱丁堡 55 公里，在我带着学生外出游览触及"深时"的那片海滩上就能望见；另一座是岛根核电站，位于日本西部。岛根核电站暂时关闭时，福岛核电站三个月前才刚因为地震而损毁，公众对于第二次核灾难十分恐慌。7 月，水母导致以色列哈代拉区奥罗特拉宾发电厂停工，佛罗里达州的一座核电站也因水母而停工。瑞典波罗的海沿海的奥斯卡港核电站在 2013 年因大量水母涌入而关闭，之前 2005 年该核电站也受过水母的困扰。面对这一发电危机，韩国科学家设计了"水母终结者"机器：这些自动机器每小时可以绞杀 900 公斤的水母，相当于 6000 只。

我想了解水母潮究竟是什么样子，回到埃斯科后，我便开始在网上浏览相关视频。如果把故弄玄虚的旁白和阴森的背景音乐关掉，画面便显得有种催眠效果，就像粉色的风暴。某些视频里，潜水员几乎被淹没在白色的云朵中，仿佛在参加泡沫派对。这让人很容易失去大小的感知。手掌大的透明水母缓缓旋转，就像小小的螺旋星系。

虽然越发常见，但水母潮也不是什么新鲜事物。在记录了 1799~1804 年见闻的旅游手记里，亚历山大·冯·洪堡描述了一场水母潮，其规模之大，甚至阻住了海船的去路，洪潮延伸到远方，仿佛一条鹅卵石通道。他花了45分钟才穿过水母大队，海船终于可以自在地航行。这奇异的景色在太平洋很常见，洪堡记叙道。《自然》杂志在1880年的一次科学远征中报道了基尔湾的海月水母潮，离德国沿海不远的海湾里，水母挤得密不透风，往里扎一根船桨都能立住。

合力之下，一个个脆弱的水母变得所向披靡。2006年，成千上万只水母涌进美国罗纳德·里根号核子舰反应堆的冷凝器，使战舰瘫痪。然而，单个水母却仿若无物。1895年，玛丽·沃斯通克拉夫特（Mary Wollstonecraft）在奥斯陆峡湾碰见一群水母。海洋平静而清澈，水母在水面下浮沉，看起来就"像浓一些的海水"。然而，当他们把一只水母捞到船上想仔细看看时，那东西便形状尽失，光泽不再，变成了一摊无色的污水。在瑞典诗人托马斯·特朗斯特罗姆（Tomas Tranströmer）笔下，1970年代波罗的海的水母潮就像"海葬后的献花"。但他也发现，一旦离水，这些柔软的身躯便糊成一团，"正如无从描述的真相／被抽离了沉默"。在我们尝试去了解水母时，它便因这尝试而消失了。当我们让它们搁浅在求知欲的海滩时，它们便崩溃成无形之物。

之所以如此艰难，是因为它们极端异质。水母既没有脸，也没有脑子，而只有一张"神经网"均匀遍布全身。人类几乎无法想象这种流动而胶状的存在模式，其感知与知觉并不集中，而完全是分散的。"那究竟是何种感觉，"诗人吉恩·斯普拉克兰（Jean Sprackland）写道，"无骨无肠，体内只有云雾般的蓝？"

让我看见水母的不是线上视频，而是手绘图。1864 年，在新婚仅一年半的妻子安娜突然过世后，演化生物学家恩斯特·海克尔（Ernst Haeckel）来到了尼斯。一天，在地中海沿岸散步时，他在石坑水塘里看见了一只水母。它弯曲的金色触手让他想起了妻子的秀发，即使多年以后，岁月冲淡了悲伤，他依然记得这一刻。40 年后，在他的生物插图巨作《自然界的艺术形态》（*Art Forms in Nature*）中，海克尔把他眼中最美的水母品种起名为"安娜赛斯霞水母"（Desmonema annasethe），以"永久铭记安娜·赛斯"，与她共度的岁月是他一生中最快乐的时光。

《自然界的艺术形态》充满了自然的契机：有羽桡足动物、如骨冠一般的硅藻类动物、像俄罗斯蛋一样闪闪发光的被囊类动物。然而最吸引我的是水母的美丽与平衡。每一页都满满当当，效率高得令人惊讶，但这些页面从不显得拥挤。有些页面排版带有纹章一般的对称美感：绳状花纹、盘花纹，装饰有浮雕似的金色细节，又以帝王粉上色。它们让我想起教堂的坐垫、凯尔特结或蜡封：就像维多利亚时代的墙纸花纹一样重工、繁复、控制到极致。而在其他页面上，水母围绕着彼此优雅地漂浮，让人轻而易举地想象出一个特殊的世界，在这里，冲撞是轻柔的，猎食是安静的，触手如蒸汽机车般行进。有些看起来像蔬菜。让海克尔想起亡妻的水母有着叶状的泳钟，就像矢车菊下带着长长的粉色根系。软水母（Leptomedusa）则以深浅不一的寒冷鬼魅的蓝色颜料上色，仿佛这些生灵不过是水的精怪。头部侧影像是切断了配重绳、四处飘扬的热气球。

图画中最惊人的几张放在 B 级片里也毫不违和。箱型水母那一页大部分区域都给了无头天使。另一张图画以黑色背景指代深海，又以幽灵般的白色在正中央画出噩梦般阴森的形象，危险而无法逃避。水母头形状稍平，显得很硬，还带着龟壳一样的板子。羽衣甘蓝形状的叶状体自下散开，变成粗壮的触手，就像螳螂举起的双臂。

生物学家丽莎－安·格什温（Lisa-ann Gershwin）认为，水母之所以能够大肆繁衍，是因为它们本质上就是杂草。水母形态各异，栖息地遍布海洋各处，从海底到海面，从低纬度到高纬度，无论是冰冷的极地海洋还是温暖的赤道，都有它们的踪迹。每种水母都有两个交错的生长阶段：底栖（栖息于海底）水螅体和浮游（栖息于水体）水母体。每一种形态的繁殖方式也有所不同。水母体是我们所熟悉的水母形态，飘飘荡荡，黏黏糊糊，像软化的玻璃。它们进行有性生殖，雄性和雌性合作产下水螅体。水螅体并不会直接发育成水母体，而是进行繁殖，但其模式是无性繁殖，被称作横裂生殖。水螅体会变长并分裂成一片片幼虫水螅体，就像赌场里的荷官发放筹码。它们等于是在进行自我克隆。即使水螅虫死去，它的克隆体也会继续活下去，并创造新的水母体。

灯塔水母（Turritopsis dohrnii）则更进一步。它尺寸很小，直径只有几毫米，有几千条线状触手和透明的头部，里头的一点艳红是它的胃袋。当水母体死去时，尸体上会分离出一些细胞，并通过某种方式聚集在一起（具体如何实现仍然未知），变成一个微型群落，并在一段时间后形成新的水螅体。地球上所有复杂生命都面临着死亡的阴影；细胞凋亡是有性生殖的代价。存在过的几乎所有物种都已经灭绝，或许灭绝的比例占到了99%。在这普遍的毁灭之中，灯塔水母无比独特，找到了永生的方式。无论未来海洋条件如何，它都将存在，轻柔地搏动着，走向永恒。

1929年1月，新年后不久，弗吉尼亚·伍尔夫正为作品殚精竭虑，这将成为她公认最重要的小说。"我受困于两个矛盾，"她在日记中坦白道，"这已经持续了很久：将会持续到永恒；挖掘到了世界的底部——我所站立的这一刻。同时，它也转瞬即逝、白驹过隙、透明无物。我应像云朵般飘过浪头。"

在《海浪》（*The Waves*）中，伍尔夫最为贴近她始终不渝的信念，那记忆中的印象和感觉所代表的另一个世界与当下携手而行。她宣称，她的写作是为了创造饱含生活的作品，丰盈地包含了一切——无论多么矛盾——与"当下"同行之物。在该书末尾，她重提 1927 年所见的那场日食。这个版本和她此前写的版本一样，"地球成了阴影的废墟"，但这一次，她更为关注光明的复返，先是浅淡的光条，而后是闪光，"飘起蒸汽，仿佛地球正在呼吸，一次，两次，首次吞吐气息"，光线变重了、变强了，地球吸收了色彩，"像海绵缓缓地喝水"。

日食的恐怖只是暂时的；阴影褪去，生命复返。脆弱但无从抗拒的闪光从薄薄的日冕处升起，再次点燃了世界。对于现在的灭绝危机而言，情况也是一样的。在每一次大灭绝后，无论末日多么临近，生物多样性都会恢复。现存的所有动物都是从生物大灭绝里幸存的仅仅 4% 的物种的后裔，然而恢复所需的时间却长得惊人。我们所身处的日食之影可能会存续数千万年，而后形状和颜色才会完全回到海洋与陆地之中。

与此同时，世界会留下空洞。在无物可存活之处，总有些东西会繁茂生长。水母统治海洋已数百万年，如今也随时准备重回王座。在 T. S. 艾略特笔下，海洋有着"众多的神明与声音"。然而，这或许不会持续太久。在未来，如果我们的鲁莽让海洋失去了其余所有光亮与颜色，海中唯一孤独的神明将身穿绉领，无眼无目，平静而执拗地漂浮着，穿过它空旷而广大的领土。

CHAPTER

08
小上帝

在罗马诗人奥维德的想象里，世界是如此创生的。天地之间，万物居于混沌：物质翻腾，无形无迹。一切居于黑暗，元素在其中不断冲撞——热与冷、柔与刚、湿与干。

上帝带来秩序，分开天地，令海洋包围陆地，令清虚之气与沉浊之气分离。最高层是无质量的如火以太，形成天堂之穹；穹顶下是较沉重的空气；最后，大地由于自身的分量落到底下。天神将陆地甩平，就像甩开一张皱巴巴的布，用海洋将其围起，令它不至移位，并阻挡狂风，免得它们将世界再次撕裂。神谕之下，生灵杂居，各处其位：鱼游于水，兽奔于陆，鸟翔于天。

就像奥维德《变形记》里的神，微生物制造了令生命繁衍生息的环境。支撑复杂生命的富氧大气是蓝藻细菌光合作用的结果，这类细菌约在27亿年前开始形成群落，当时大气中的游离氧只占现在的1%，但二氧化碳浓度是今天的100倍。几亿年间，蓝藻细菌将大气氧含量提高到现在的10%，大幅促进了复杂生命形式的演化。微生物谱写了每一个关键的生命阶段：发酵、光合作用、细胞呼吸和氮循环。它们拥有无尽的可能。根据社会学家米拉·赫德（Myra Hird）的说法，单个蓝藻细菌如果在无生命行星上自由分裂，仅40天就能制造出含氧大气。微生物发明了冶炼和社群生活；它们是地球能量循环的起源，发明了从阳光、化学物质、无机物和有机物中获取能量的方法。或许，有500亿种多细胞生物曾在地球上游、走、挖、爬，横跨或穿过，这所有生灵都多亏了微生物的创造。如果没有微生物协助进行分解，世界将会被尸体淹没。可以说整个生物圈都是巨大的微生物足迹。借用奥维德在《变形记》开头的绝妙好文，微生物编织了"起于世界之始，无穷无尽的绵长诗歌"。

　　对未来化石的寻索把我带到了最大的城市、最大的死区，以及地球上最大的活结构。然而，当想到我们所留下的最大、最明显的足迹，那横跨大陆的路网，那在海中漂流、大如国家的塑料涡流，我便开始想到那最小的足迹。现在，由微生物主导的许多关键生命过程也刻上了我们的印记。我们对氮循环的介入是自从25亿年前，微生物开始固定惰性大气氮以来所发生的最大影响。仅 100 年内，我们便把自然过程加速了 100%，在沉积物、植物化石以及因氮循环和磷循环饱受摧残的海洋环境中留下了明显的化学踪迹。我们已经彻底改变了碳循环，将数十亿吨碳从缓慢、数千年的循环，即在大气和我们脚下的大地之间移动，转变为通过死去的动植物尸体快速循环。在我们最后的碳足迹被拉入岩石和海洋之前，多余的碳所带来的热效应或许已经改变了世界，影响了海洋化学，使沿海地区饱受洪灾，将冰川剥得嶙峋，使沙漠蠢蠢欲动，促进了沿海地区的极端气候事件和陆上火灾，又把全世界的动物、植物与微生物分布变了个模样。

蓝藻细菌甚至改变了世界的颜色，在灰色和绿色的色版中加入了氧化的红色和茶褐色，想想卫星图像上到处肆虐的灰色城市与沙漠化区域的黄色，就会意识到我们也即将达到同样的成就。

微生物是世界上多种矿物的来源。形成地球的尘云只含有 12 种矿物；经历了几十亿年的地球化学剧变，矿物数量上升到 1500 种，但仅用了几亿年，微生物便让这个数字翻了三番。然而，工业活动只用了 300 年就合成了 208 种新的矿物质——大部分是和采矿相关的短命新矿物，以及成千上万种类矿物的合成物质，其存续时间相比之下要长得多；地质学家怀疑，其中一些物质可能从未在宇宙其他区域出现过。我们将金属提取成单质——这种纯化物从未出现在自然界，如钠、钙和钾，还有一些仅仅以微量存在，如镁、钛和锌——并以每年几千甚至几百万吨的产量生产出来。我们的城镇里含有无数类似矿物的砖块、混凝土和玻璃，同时还有手机和手提电脑里大量同样坚韧的塑料、硅芯片，机械工具、灯丝和圆珠笔里的碳化钨。我们把铁和金这样的元素从缓慢得令人痛苦的消减和风蚀中解放出来，让它们散落在地表，囚禁在建筑框架里，埋藏在世界各地的家庭、银行金库和坟墓中。

我们甚至把自己的矿物踪迹散布到了太空。自从 1957 年人造卫星发射后，至今已有近 5000 次火箭和卫星发射活动，冗余设计与撞击产生了一团如云般绕轨道运行的太空垃圾。太空中这类物质共有 6000 吨左右——大部分都是铝和凯夫拉之类的塑料——其中只有 5% 是运行中的卫星，其余的物质里，NASA 可以追踪到 22000 件超过 10 厘米大小的物体。然而，据说有 50 万~75 万个直径在 1~10 厘米的碎片，还有超过 1 亿 3500 万个微型颗粒，大部分是塑料碎片，带着相当于超高速子弹的力量，以 28000 公里的时速在轨道上运行。由于碰撞十分常见，这类碎片的数量也在以指数级的速度增加。轨道越高，这些材料就会逗留得越久：高度低于 1000 公里的残骸可以坚持几百年；高度在 1500 公里左右的物体会在轨道上运行几千年。然而，对地同步轨道上的碎片所受到的地球重力大小只是地表的 1/50，因此可以留存数百万年。1974 年发射的激光地球动力卫星用于追踪大陆的移动，据估计可以在 5900 公里高的轨道上存续 840 万年。

6 次阿波罗登月活动在月表留下了几百件人造物品，仅阿波罗 11 号，便留下了 106 件物品，包括两个高尔夫球和一支金橄榄枝。70 台以上的月球车被扔在了月球上，由于月球没有大气，无法侵蚀这些物体，这些月球车和它们在月表留下的车辙和"道路"将永远存续下去——显然比地球上任何道路的寿命都更长。据说，尼尔·阿姆斯特朗和他在阿波罗号上的同事所留下的脚印将留存 1000 万年，甚至几亿年。

在地球轨道以外，我们把远程控制的探测器送到了火星、金星、土卫六、彗星 9P/ 坦普尔 1 号和 67P/Churyumov-Gerasimenko，以及小行星 25143 号和 433 号上。木星的大气中也有可能被伽利略号探测器留下的微量钚和铱所污染。现在，已有 4 件人造物体离开了太阳系：先驱者号（10 号和 11 号）以及旅行者号（1 号和 2 号）航天器。4 台航天器上都带着信息，其中部分是由弗兰克·德雷克（Frank Drake）设计的，这位天体生物学家也参与了 WIPP 标签系统的设计。先驱者号金属板上有人类的形象和太阳系的示意图，诸位设计者把他们的作品称作"星际洞穴画"，并估计这些金属板可以在太空里保存几十亿年。旅行者号的寿命也有几十亿年，它们所搭载的 12 寸镀金铜盘里储藏的声音与图像图书馆可以存续到永恒。图书馆里有大堡礁、南极远征和纽约州现代高速公路的照片，还有人类脚步声的录音。

在创世故事的末尾，奥维德的神制造了最后一种动物，让他们直立行走，"让他目视天堂，抬头望向群星。那曾经粗糙而无形态的大地便被塑造成了人类的形状，此前，未有知晓此生灵者"。

第一个看到微生物的人是抬起头才看见了它们。1674 年，通过一片比伽利略望远镜放大倍数还高 20 倍的自制透镜（和望远镜很像，因为他的透镜需要自然光），一位名叫安东尼奥·冯·列文虎克（Antoni van Lecuwenhoek）的布料商向上看，向一滴湖水里的微生物世界投去第一瞥。这些小东西"颜色各异"，他说，"有些发白，有些透明；有些是绿的，带有非常明亮的鳞片"。比丰富的多样性更令人震惊的是它们的大小：他估计，"10 万个这种小生灵放在一起，也没有一粒沙大"。

几年后，列文虎克用羽毛笔刮下了牙菌斑，从而惊讶地发现这种小生物甚至也生活在人类的嘴里——他估计这种小生物的数量远远超过"整个国家的人口"。这在 17 世纪末可能耸人听闻，但其实比实际的数量还差了几个数量级。人类口腔平均包含的细菌数量是如今全球人口的 1000 倍还多。

1969 年 1 月，W. H. 奥登（W. H. Auden）读到了玛丽·马泊斯（Mary Marples）在《科学美国人》（*Scientific American*）上的文章。文章称，对于在人类皮肤上居住的微生物群体而言，我们的身体像是丰富多样的生态系统：从"鲜有人迹的前臂沙漠"到腋窝的"热带雨林"，还有"寒冷黑暗的头皮森林"。奥登对马泊斯笔下的"表皮世界"深深着迷，还为此写了首诗，题为"新年问候"，像奥林匹斯山顶的神明一般居高临下地对他身上的微生物群体说话：他是一位时而仁慈、时而善变的神明，既提供温暖与庇护，也在洗澡或换衣服时降下一天两次的灾难。

奥登的寓言体现出我们总习惯于把自己放在我们所编造的伟大故事的中心。人类活动给地球系统带来的变化，在规模和影响程度的层面，自光合作用出现以来，无物能出其右，我们很容易会因此而沾沾自喜。"我们确实有如神明，不如习惯这一身份。"斯图尔特·布兰德（Stewart Brand）在《全球概览》（*Whole Earth Catalog*）第一期的封面上写道。该杂志于 1968 年首发，代表基层行动主义的革命性创新。布兰德的声明——根据人类学家埃德蒙·利奇（Edmund Leach）的发言改编——代表了人类 20 世纪后半叶的野心与自负，爆炸式科技发展仿佛已经为人类统治星球铺平了道路。最近，这句话也被所谓"好人类世"的支持者拿来使用。所谓的好人类世，指的是我们的科技能力可以让我们延续这种耗能的生活方式。于是，这种思潮认为，作为仁慈的星球守卫者，我们值得信任，可以掌控这股靠智慧和公平获得的力量。

这一思想无论是乍听之下还是在现实之中，都一样荒谬，甚至残忍。正如伦理哲学家克莱夫·汉密尔顿（Clive Hamilton）所说，好人类世的说法在那些深陷干旱或海平面上升问题的人看来，实在是无比刺眼："你虽然受苦，却是为了更大的利益。"比基尼岛的岛民也听美国军方说过类似的话：把他们从岛屿家园中逐出，是为了全人类的福祉，而这一次短暂的善举把地球上某一片土地变成了2万年都不宜生命栖居的角落。我们已经改变了地球的化学循环，这并不意味着我们能够掌控它，然而，人类世也与掌控无关，相反，它令我们更加意识到自己与地球未来之间密不可分的联系，就如我们和身上的微生物群体一样奇异。

列文虎克肯定觉得自己所发现的这个小小世界与我们自己的世界毫无联系，它们只是沉默而隐秘地与我们相伴而生，但就连奥登以神的目光对身上亲密相处的微型房客做出的训词也没有指出我们与微生物世界之间难解难分的联系。我们无法在自己和身上的微生物之间画出界限。我们身上的微生物细胞数量超过了人类细胞数量，它们扮演着关键角色，关系到新陈代谢、免疫、成长，甚至左右着我们的情感。我们与微生物社群共同演化了几千年，不断互相塑造，在我们的身体和我们所经过的环境中留下了不可磨灭的痕迹。

最新研究也显示，通过追寻微生物数量的变化，可以发现显著变化都与人类文明的大进步相伴：农业的兴起、工业革命，以及"二战"后的消费加速和技术革新。根据微生物学家迈克尔·吉林斯（Michael Gillings）的观点，人类社会影响了微生物的分布、群体多样性，甚至是演化进程。几千年来，对动植物的驯化创造了驯化的共生微生物，同时也创造了源于动物病原体的人类疾病。农业的工业化为产甲烷细菌和固氮细菌提供了繁荣生长的环境。除了促进鸡这类动物的分布、无意间加速了水母水螅体的扩散外，海运的发展让梅毒、天花、黑死病等种种疾病在各大陆之间传播；微生物在水手的体内和船只的压舱水中环游世界，在新世界寻找殖民地。生物学家把现代航运网称作野生动物疾病"功能上的盘古大陆"，它相当于重新构建了一个统一的全球大陆，一个存在于 1.75 亿年前的地质实体。空运让这种转移的速度呈指数级爆发，随着气候变化不断加深，微生物的生活范围将进一步受到影响，因为土壤温度发生了变化，微生物与珊瑚这类共生物种之间的协定也同时崩溃。

我们不仅篡夺了微生物改变大气和制造新无机化合物的职

权；我们也在改变微生物世界本身。我们给肉眼不可见的世界所带来的改变，正如我们给可见的世界所带来的改变一样深远。DNA 衰变得太快，无法直接留下化石，但这并不意味着人类世的微生物群体不会留下任何足迹。这是包裹在灭绝内的灭绝故事，是对演化时间本身的介入；这个故事里，有一股力量试图复活冰河世纪的风景与生灵，将古老的哀叹写入基本的生命材料之中。

我下定决心，要找那些用望远镜看见我们最小足迹的科学家谈谈。

悉尼北部麦考瑞大学生物科学系位于一幢方方正正、乏善可陈的蘑菇色砖房里。冬天的阳光透过高高的窗户倾泻而入，我的脚步声在复合木地板上轻声回响。墙上挂满了科学海报，告示板上钉着论文，一扇扇棕色的办公室门紧闭着。拐过迈克尔·吉林斯办公室旁的转角，我的目光被爆炸般的颜色吸引了。一堆杂七杂八、颜色纯正的塑料物品、儿童玩具、柠檬夹，还有我认不出的形状，堆成一堆，挂在窗户的凹陷处。这些东西互相环绕，满是褶皱，看上去就像放大后的折叠DNA 染色体模型。

我正在读迈克尔办公室门外钉着的论文，讲的是在与我拜访的浦东类似的中国河口里发现每克泥巴里含有高达 1 亿个抗药性基因（"相当于一块火柴头大小的泥里就有 100 万个抗药性基因"），此时，我听见走廊传来脚步声，回头便看见迈克尔朝我走来，热情地伸着手。他戴着头巾，脸上一圈灰色的胡茬，我的第一反应是，他看上去更像冲浪运动员，不像科学家。

我们在他办公室里坐定，里面十分舒适，塞满了成堆的论文，还有一张站立式办公桌，周围满是雕像和奇妙设计的照片。他向前靠来，让我有话直说。

我问道："人类对微观和宏观世界造成了相似的影响，这种相似性如此明确吗？"

"是，绝对如此。"他说，"我之所以思考这个问题，其中一个原因就是我想到，是不是可以通过研究现在的微生物来了解遥远过去的微生物学，比如说有没有微生物特征标记出了恐龙的灭绝？"

他从桌边跳了起来，在电脑上找到一张照片。空白的屏幕上亮起了丰富的颜色，血红色和紫黑色的色条波浪起伏。他告诉我，这是来自西澳大利亚的条带状含铁建造[①]，源于约 20 亿年前蓝藻细菌的活动。"5000 万年后，"他继续道，"如果蟑螂演化发展，成了古生物学者，挖到地下，想了解 21 世纪早

---

① banded iron formation，矿床地质学术语，在前寒武纪岩石中发现的细条带状硅质赤铁矿矿床。

期发生了什么事，它们就可以找到这类独有的特征，体现了氮循环的情况。它们可能没法用肉眼看见这些特征，但可以解读其留下的化学遗产。""所以，没有颜色吗？"我问道。

"没有。"他回答道，"它们得做化学分析，但也可以通过和其他痕迹之间的关系推断出微生物的变化，比如磷分布，或塑料污染。这就像是透过黑暗的玻璃看另一面。"

他带我走出办公室，来到楼下。"于是，我开始想象自己是未来的古生物学家。"他说，声音在楼梯间里回荡，"那我会找到些什么？"

我们走到一张大海报前，它挂在玻璃柜子里。几件看上去烧焦了的东西，具体是什么已经无法分辨，放在小小的六边形木头底座上展示。迈克尔解释说，他带学生办了一个展览，展示品是5000万年后从"人类世地层"里找到的东西。这张海报是幻想中进化了的蜜蜂社群"蜂巢联盟14255"（Hive Consortium 14255）的作品，题目为《人类世边缘地层存在科技文明物种的证据》。蜜蜂科学家称，他们发现了消逝已久的物种所留下的决定性的沉积证据，证据显示该物种的科技水平十分先进，包括"罕见无机物、高浓度金属及玻璃材料沉积物"。该发现的部分展品，包括金属工具、"已灭绝物种的原始陶器图"，应作为"所有蜂类的警告"。

人类世地层的物品来自附近的公园，迈克尔带着学生亲自前往现场。从海报上的照片中，你会看见垃圾堆里一条条白色的塑料。"地球上的微生物学不会有太大改变，基岩里的微生物基本上是一样的。"他解释道，"留存到未来的痕迹应该就在地表，或离地表很近。我们的垃圾填埋场将成为他们的金矿。"

现代垃圾填埋场的设计目的是把所有东西保存起来，不泄露一星半点。垃圾场会用黏土和塑料封闭，以防有毒物质污染地下水，这意味着内部的化学环境高度可控，湿度、温度、氧气含量和酸碱度都稳定且可预测，缓缓地改变着内部的物体。被封在内部的渗滤液含高浓度钙离子——来自埋藏的混凝土，最终将把这堆家庭不要的废物、飘尘飞灰和弄脏的包装材料凝结成固体，变成某种水泥。由于氧气有限，填埋物不太会受到微生物腐败的影响。然而，我后来才知道，从卡尔斯巴德的 WIPP 钻井工地采集的盐结晶样本显示了一种惊人的发现，垃圾填埋场里可能会有微生物"化石"。WIPP 样本里含有活细菌，以盐为生，在结晶里已经困了 2.5 亿年之久。

然而，最有可能发生的情况是，这类证据必须经过解读才能看懂。"微生物故事的问题在于，"迈克尔回到办公室，继续说道，"我们可以实时看见它的进展，就像我们看到巨型动物是如何一步步走向灭绝的一样。人类对生物圈的宰制已经延伸到了微生物的世界——两个世界都在萎缩。"他调出一张表格，从表中可以看出，野生动物的生物质总量在人类与驯化脊椎动物的生物质总量面前相形见绌。

"这是世界上最可怕的图表，"他说，"但很少有人发现，这也表明了微生物所面临的灾难。"

每一个物种都有其独特的内部生态环境，但这部分取决于每个动物的活动环境以及它们与之互动的其他生灵。"想象一下，你是动物园里的狮子，"他说，"一般来说，每次在稀疏的草原上吃掉一个动物时，你都会接触到新的微生物。然而，在牢笼之中，你不会有这种机会：你吃的东西变成了无菌肉，你只能接触到人类。"一个层面上的衰落同时也会导致另一个层面上的衰落；当宏观世界的生物多样性受损，微观世界的生物多样性也随之受害。在最后一刻，微生物曾经拥有的多样性将在未来愈发贫瘠的全球泛基因组（pangenome）[①]中露出蛛丝马迹。如果大堡礁真的崩溃了，那么化石记录中的空缺将表明微生物曾经经历了一场巨大的灾难。这就像俄罗斯套娃，每灭绝一种哺乳动物或昆虫，都意味着无数伴生生物的灭绝或濒临灭绝，因为这种生物的微生物群失去了栖息地。

"最后剩下的，"迈克尔说，"就只有人类以及人类食物——猪、牛、羊，还有鸡的微生物质。"

---

① 某一物种全部基因的总称。

敲门声响起，迈克尔的同事萨莎·特图（Sasha Tetu）走了进来。迈克尔还要开会，我们便约好晚点再聊，萨莎和我则先去洒满阳光的大厅里喝茶。

萨莎告诉我，她的研究方向是海洋光合作用和毒理基因组学[①]。简单说来，她研究的是对海洋微生物致命的环境。这一切的起点是一次非常简单的实验，她说："我把塑料浸出液加进了非常漂亮的祖母绿色的蓝藻细菌培养皿里，结果细菌被完全漂白了，所有颜色都消失了，只剩下病恹恹的苍白黏液。显然，整个群落都死了。"她开始用不同塑料进行研究，结果表明，PVC 的毒性尤其强烈。"海洋里已经有很多塑料了，"我说，"那些微生物怎么办？""这可能影响关键细菌的造氧功能，不是说整个海洋都会变成死区，"她很快澄清道，"但细菌社群的结构可能会有所改变。我认为细菌会适应环境，可能演化出更强悍、更坚韧的变种。这也是为什么我决定研究微生物学，因为微生物的适应能力总是能给我带来惊喜。"

变化是微生物世界里最关键的特征。单细胞生物已经存续了 40 亿年，无数世代中，每一个世代都和上一个世代有少许不同，在复制中出了一点小差错。甚至有人说，世界上有多

---

① 将基因组学、生物信息学和毒理学相整合的学科。

少个细菌，就有多少不同种细菌，即使不论具体数字，这个想法也足够惊人，更别说地球上每时每刻都有大概 5×1000^{10} 个细菌。据估计，大气中的尘土颗粒上也至少有 1000^6 个细菌。据说，海洋生物质中 50%~90% 是微生物细胞。在海洋居住的微生物甚至演化出了消化塑料垃圾的能力。2016 年，日本科学家在塑料瓶回收站找到的一种细菌可以降解 PET。

细菌之所以拥有如此令人难以置信的多样性，是因为它们可以分享 DNA。通过基因水平转移（LGT）这一机制，任何细菌细胞都可以与其他细胞互换基因信息。擦肩而过的细菌可能已经进行了基因交换。有些细菌公平交易；有些细菌则强取豪夺；还有些细菌选择共生，就像老夫老妻一样，最后融合在一起，几乎无法分辨彼此。并非每一次交换都会带来有意义的适应性改变，无用的修改在下一代便会被摈弃。即使如此，LGT 也让微生物发展出了关键的生命过程，如光合作用、分解代谢和共生关系。就像在《变形记》里一样，微生物的生命一直处于不断的变化之中。

然而，我们的行为却对这种生命的自由表达进行着愈演愈烈的制裁，让这一狂欢突然停止，逼迫微生物的演化遵循我们的心意。人类通过调整饮食影响自己体内微生物所交换的基因片段，始于 3.5 万年前人类开始食用熟食。然而，在我们开始使用抗微生物化合物以后，这种"软"选择就变成了"硬"选择。刚开始，在 19 世纪末，我们还小心翼翼，试图利用汞和砷进行治疗，等到"二战"后抗生素普及，我们的态度便激进了许多。抗生素滥用被视作发达国家人群中幽门螺旋杆菌数量急剧下降的罪魁祸首，这种消化道细菌已经和人类共同演化至少 10 万年之久，一直协助人类调解胃酸分泌。大手大脚地使用抗生素给我们带来的影响远不止于人类的肠胃。

亚历山大·弗莱明（Alexander Fleming）于 1928 年发现青霉素的故事已经家喻户晓，当时他度假回来，发现实验台上有一个培养皿没有盖好，被杂菌污染。培养皿里有一个颜色鲜亮的大型霉菌群落，还有几个尺寸和数量差一些的细菌群落，离霉菌最近的群落几乎变成了透明的。这种霉菌会剥离细菌的细胞壁，就像剥掉煮鸡蛋的壳。那个培养皿的照片看起来很像劣质望远镜下的明月与群星。弗莱明本人把被霉菌影响的细菌称作"鬼魂"。1943 年，通过使用来自一颗腐烂哈密瓜的霉菌样品，人们终于成功合成了青霉素。曾经无法治疗的感染现在只需使用简单的药物就可以治愈。前所未有的手术，如关节和器官移植，也都纷纷成为常态。只看降低死亡率的效果，抗生素对未来化石的影响便毋庸置疑，但同时，它也彻底影响了接受药物治疗的人类或动物身体内的主要菌群。抗生素常常用于促进牲畜生长，由于人类和动物所服用的抗生素会有 30%~90% 维持原样进入土壤和水，广大的微生物世界便充满了抗微生物化合物。在一项对人类世微生物的研究中，迈克尔·吉林斯预测，这甚至会影响到"微生物演化的基本节奏"。

1920 年代，细菌开始对实验室合成的抗生素产生抗药性，这源于一个 DNA 元素——第一类整合子——通过 LGT 广泛扩散，具体数量难以估算。如今，每一克人类或牲畜的粪便中，都存在着几百万份原版整合子的副本；每天，高达 10^{23} 份副本被排入环境之中，经过废水处理厂（相当于 LGT 的"热点地区"，简直是细菌的超级狂欢繁殖派对），冲进河流和海洋，或是回到土壤之中。人们在亚马孙雨林和地球两极都找到了第一类整合子。我们已经把整个生物圈都塞满了各种各样的化合物，加速了微生物演化的基本速度，增加了在泛基因组（全球所有生物的基因组之和）里传播抗药性的基因比例。虽然导致抗药性的选择压力可能转瞬即逝，但是迈克尔仍然怀疑，微生物社群组成的某些变化可能将永远持续下去。

每克土壤中都含有几十亿个微生物细胞。若条件适宜，细胞外 DNA 可以在土壤或黏土中保存几千年，似鬼魅般潜藏在腐殖质中，直到它终于碰见一个可以接纳它的细菌，而后如干柴烈火般，点燃一连串新的细菌演化。

回系里的路上，萨莎问我迈克尔有没有讲过叶子雕塑的故事。她说，每年秋天，他都会扫生科楼中心院子里的落叶，弄成地面艺术品。她带我去看了最近的作品。"边缘已经有点乱了。"她说。但作品的轮廓依然清晰：棕色的干叶子从树根延伸而出，形成从粗到细逐渐变尖的曲线，就像章鱼的脚。

我发现我已经看过它了，就在迈克尔办公室周围钉着的照片上。等他开完会，我向他问起了雕塑的事。"我这么做已经有 10 年了，"他说，"但前 6 年我都是把这当成秘密。"他趁着校区还在梦中，早早起床，耙出他的作品。他说，这么做是为了让学生思考生物圈的结构和复杂性。"我希望他们可以自问，这是怎么发生的？随着它腐败，再一次归于大地，又发生了什么变化？"今年的雕塑作品名为《克拉肯觉醒》。

我还想讨论我们在微生物世界里留下的足迹的另一个方面。生物生命的核心原则已经确定了 40 亿年——生物信息从 DNA 流向 RNA，再流向蛋白质，最后变成表现型，这种不可逆的流动被科学家称作中心法则。这是牢不可破的法则，从所有生物最初的祖先开始，便是如此。然而，科技发展使得我们能将数字信息锁在 DNA 分子之中，从而在 37 亿年内第一次打破并扩展了这一中心法则。

"有史以来第一次，"迈克尔说，"某种生灵有能力控制其自身，以及地球上所有生物的演化方向。"

他又冲向电脑，调出了一堆幻灯片。"2007年，在马里兰的 J. 克雷格·文特尔研究所（J. Craig Venter Institute），人类首次完成了基因组的化学合成。他们提取了丝状支原体（Mycoplasma mycoides）的 DNA，植入到山羊支原体（Mycoplasma capricolum）中。合成的细菌从外观和行为上看，都和丝状支原体完全一致。"几年后，文特尔又借助储存在电脑里的信息合成了丝状支原体的活细胞。

迈克尔拿起一个 U 盘，挥舞起来。"这着实是革命性的变化。在此之前，所有生物都有祖先。现在，已经没有这个必要。你可以把某个生物的全基因组信息上传，瞬息之间这组数据就会传遍全世界。"他解释道，理论上说，扩展中心法则意味着我们可以复活灭绝的病原体或物种，甚至是合成全新的生命，若任何一种可能成真并得到繁荣发展，都意味着在演化事件的沙砾中画下一条线。

有些人甚至在这种新科技中看到了复活灭绝物种、重建已逝生态系统的契机。1989年，最先计算了西伯利亚永久冻土中所储藏的碳元素含量的俄罗斯地球物理学家谢尔盖·齐莫夫（Sergey Zimov）在西伯利亚东北部创建了更新世公园，占地 160 平方公里。他想以此测试自己的假说，以确定重现草生冻原（grass-tundra）是否能减缓甚至避免永久冻土的融化。更新世期间，地球经历了多次冰期，北半球的大陆被大量冰层磨蚀并塑造。齐莫夫称，然而在这段时期，西伯利亚的草原却毫发无损。成群的野牛、麝牛、野马、驯鹿、驼鹿和猛犸象在 100 万平方英里的冻原上游荡，忙着嚼食青草，令平原上长不出一棵树。几万年来，尘土吹过平原，积累在沟壑之中，裹挟着死去的动植物有机物质及微生物，形成一种被称作叶多玛（yedoma）的富碳永久冻土。齐莫夫的计算结果显示，仅冰冻叶多玛沉积物便含有 500 兆吨的碳；还有 400 兆吨碳则储藏在非叶多玛的永久冻土中，另外西伯利亚泥炭里还储存着 50~70 兆吨碳。其总量相当于 1750 年至今通过烟囱和汽车排入大气的碳总量的 4 倍。

齐莫夫意识到，叶多玛沉积物并不安全。夏天，永久冻土会局部融化，形成小湖泊，软化永久冻土里的厌氧菌就会将碳转化成甲烷。每天，每立方米冻土会排出 40 克温室气体，据他估计，这足以在 21 世纪末将永久冻土里储存的所有碳都排放出来。

他认为，草可以解决这个问题。亮色的草地比寒带平原的暗色森林从阳光中吸收的热量要少。冬天，大型食草兽群可以打碎雪层，让冻土接触到北极的冷风。冬天有这些蹄子踏破雪层，冻土也好好吹了一通冷风，夏天便不那么容易融化。于是，齐莫夫在更新世公园里塞满了大型食草动物，能弄到多少就往公园里送多少——野马和野牛在这片小小的冻原上游荡，就如同回到了 2 万年甚至更久以前。但他也意识到，为了真正复原更新世栖息地，不让草地上长出树木，他还需要更大的动物，比如当初塑造了更新世平原的巨兽。他需要的是猛犸象。

2014 年，哈佛大学基因学家乔治·丘奇（George Church）受到齐莫夫的启发，着手复活猛犸象。他计算出了导致猛犸象和亚洲象之间存在物种差异的 140 万个基因突变、2020 个会影响蛋白质表达的基因。通过 CRISPR-Cas9——一种科学家用来把修正后的蛋白导入 DNA 序列特定位点的技术，丘奇已经往亚洲象基因组里导入了 45 段猛犸象基因，后者来自西伯利亚冻土里保存的猛犸象遗体。导入的基因包括毛发生长基因、小耳朵基因（减少热量流失），以及皮下脂肪基因。插入了合成猛犸象基因片段的亚洲象的细胞并不会变成真正的猛犸象，但丘奇想赌一把，希望这种合成生物对西伯利亚生态系统的影响与本尊相同。

然而，迈克尔认为，制造新基因组并不足以解决问题。和大象一样，猛犸象应该也拥有复杂的社会结构。新的象群就像生活在真空的社会环境中，这个世界已经完全忘记了猛犸象该是什么样子。"动物要学习怎么去做一只动物，而行为是无法合成的。"他说。

复活灭绝物种将是最终极的神力，但在实验室里炮制消失的物种无法实现这个目标。动物并不是身体零件的简单堆叠：每一项生理特征都包含着几千代的生物代代相传积累下来的一系列演化适应结果。我们也需要变化。复活因人类扩张而灭绝的动物是一种奇迹，甚至是对过往恶行的赎罪，但这也意味着我们要学会和曾经被我们逼到灭绝的物种共处。

迈克尔陪我走出大楼时，我们在窗边停下，居高临下地看着中庭里的叶子雕塑。虽然边缘已经磨蚀，但弯曲的形状依然清晰。我问他，明年作品的灵感有了吗？

"悉尼以前有一位艺术家，"他说，"在公共建筑和行道石上用粉笔写下'永恒'（eternity）一词。明年，我可能会把叶子扫成印刷体的'熵'（entropy）字。"

微生物已经在世上存在了几十亿年，这多亏了它们的创新能力。它们是世上最擅长随机应变的物种，可以通过演化突破看似极限的边界。这样看来，它们似乎很适合作为榜样，供我们学习如何在自己所创造的世界里生存。微生物告诉我们，未来的潜力不在于当下，通过拥抱合作、勤加适应、脱胎换骨，生命也可以为之提升。

强大的适应力给微生物带来了惊人的耐受性。在最深的深海和地表以下极深的深度，都能找到繁荣生长的细菌。细菌生存深度的最高纪录是地下 5 千米，但有些科学家怀疑，由于生命存活的极限温度是 122 摄氏度，地下 10 千米的深度或许都可以找到微生物。据估计，全球 70% 的细菌和古细菌都在地底的黑暗中生活。甚至在我们头上的高空中，都有细菌生活。1978 年，苏联科学家用气象探测火箭带回了微生物的样本，包括一种能生产青霉素的细菌，这份样本来自大气中层 60 千米以上的高度。

有些微生物不仅能在艰难的条件下存活，还有很长的寿命。2010 年，爱丁堡大学的天体生物学者查尔斯·科克尔（Charles Cockell）在一个 10 年没动的培养皿里发现了干燥但保留活性的细菌孢子。为了研究微生物孢子可以保持多长时间的休眠并依然保留复活的能力，科克尔及合作者设计了一项耗时 500 年的微生物学实验。他们把拟色球藻（Chroococcidiopsis）和枯草芽孢杆菌（Bacillus subtilis）两种细菌的干样本封存在 800 支玻璃试管中，锁进两个坚固的橡木柜子里，设计了长达几个世纪的时间表，以测试其韧性。在实验的前 24 年里，科学家每两年都会从每个橡木柜里各拿出一个试管并检查内容物，测试孢子是否能生长，随后的 475 年间，每 25 年重复一次这个操作。最后一个试管将在 2514 年进行测试。该团队设计了一套指南，用来指导未来的同事参与实验——他们大部分同事都还没有出生——指南设计得极其仔细，以保证实验可以继续下去，这和 WIPP 试图把信息带到遥远未来的做法有种古怪的重合。现在，实验指南和样品放在一起，有印刷版本和 U 盘版本。但就像西比奥克的核子祭司一样，每一代科学家都要负责用最先进的科技更新实验指南，并根据语言的变化调整内容。

微生物可以慢慢等待，在希望最渺茫的条件下等待生长的契机——甚至藏在书页之间等待时机。查尔斯·科克尔在爱丁堡发现那个存着 10 年前样本的培养皿时，艺术家莎拉·克拉斯克（Sarah Craske）在肯特的旧货店里找到了一本 275 年前的《变形记》。她花 3 英镑把书买了下来，后来才知道它是这个版本仅存的孤品。然而，让她感兴趣的并不是这本书有多么珍贵，甚至也不是书页上的诗行，而是印在书页上的隐形内容：几乎长达 3 个世纪的微生物历史。

在莎拉看来，她这本《变形记》同时也是生物信息的图书馆，她开始和微生物学家西蒙·帕克（Simon Park）合作，挖掘书中的秘密历史。他们剪下书页，在装满了熔化血琼脂的生物鉴定盘里压 20 秒；书页拿走后，鉴定盘会进行一周的培养。这种细菌版画揭露出一代代读者在擦过或对着书咳嗽时，留下了种类惊人的微生物。培养皿上长出了几百种细菌，包括（意料之中）多种生活在人类皮肤上的细菌——其中的藤黄微球菌（M. luteus）对于弗莱明发现青霉素至关重要。然而，书上还有更令人惊讶的幸存者。在阿克特翁（Actaeon）

和纳西索斯（Narcissus）故事的边缘，生活着高地芽孢杆菌（Bacillus altitudinis），最早发现这种细菌的案例是在 2006 年，人们从离地表 41 千米的高空空气样本中发现了它；还有 500 年微生物学实验中使用的枯草芽孢杆菌，可以耐受脱水和高达 53 摄氏度的高温。在 NASA 卫星上，某个枯草芽孢杆菌的群落在太空中存活了 6 年。

耐受性极强的微生物被称作嗜极生物。它们可以说是地球上最坚韧的生命形式。某些种类可以耐受被封冻在冰块里，或是耐受 120 摄氏度以上的高温，攀附在富含营养的热泉口斜坡上。某些嗜极生物可以耐受极高剂量的辐射，或承受超高速的撞击，甚至还可以像枯草芽孢杆菌那样，在真空的太空中生存。由于嗜极生物令人难以置信的耐受性，科学家开始寻找方法，把细菌 DNA 变成能保存数字信息的机器。

数据流服务、人工智能、云储存、社交媒体平台和无处不在的智能手机和智能手表兴起后，我们在几天内就能制造出 50 亿京字节的内容，相当于 2003 年前所有数字信息的总和。2025 年，每年产生的数据总量将超过 160000 万亿兆字节（也就是 1600 万亿京字节）。即使耗尽全球的硅储量，也只能储存我们所制造的数据里的极小一部分。然而，仅 1 克 DNA 就能储存 455 万亿京字节的信息。

西北太平洋国家实验室的研究人员黄伯中（Pak Chung

Wong）在 21 世纪初期就开始考虑数据的储存问题。问题不仅仅在于数据的量，还在于储存方式并不安全。几千年来，我们靠着有意留下痕迹来描述我们所知之物已经克服了熵的影响。书写让我们打败了时间，对未来进行讲述，但迄今为止，我们所使用的材料都十分脆弱。"骨头和石头会磨损，"黄伯中写道，"纸张会降解，而电子储存器会劣化。"相反，生命的根本定义就在于在时间长河中安全地传递信息。

黄伯中认为，他可以利用生命这一基本功能，将二进制信息转换成 DNA 的 4 种碱基（A 代表 00、G 代表 01、C 代表 10、T 代表 11），并将信息安全地储存在生命物质的基因组中，理论上，这可以保证数据永远可读取。2003 年，为了验证这个想法，他将迪士尼歌曲《小小世界》（*It's a Small World After All*）的歌词编写进了大肠杆菌（E. coli）和抗辐射奇异球菌（D. radiodurans）的基因组里。

在黄伯中完成实验后，其他人迅速在细菌 DNA 里储存了更多信息。研究者往里面编入了各种各样的信息，从《莎士比亚十四行诗全集》到弗朗西斯·克拉克（Francis Crick）和詹姆斯·沃森（James Watson）借以获得诺贝尔奖的 DNA 结构论文全文；然而，每一次尝试中，他们都会发现 DNA 只能测序一次，获得信息后便会损毁。他们可以阅读信息，不过可能里面包含一些小错误，但读取信息就意味着要把它抹去。

用这种方式储存数据意味着每一次读取数据都必须要准备专门的副本，就像买好几份你每年都要读的、最喜欢的书，或是一片满是瓶子的海洋，里头储存的信息都一模一样。

1953 年——同年，克拉克和沃森发表的论文〔借鉴了罗莎琳德·富兰克林（Rosalind Franklin）未经认证的作品〕，带来了理解生命的全新方式，由此可能扩展了中心法则——菲利普·K. 迪克（Philip K. Dick）的短篇小说《保存机器》（*The Preserving Machine*）在《奇幻科幻杂志》（*The Magazine of Fantasy and Science Fiction*）上刊载。在迪克的故事里，拉伯林斯博士担忧起了文明衰退的问题。他惴惴不安，认为现在的所有成就可能都会化为乌有，就像古代世界的种种奇迹已堕入黑暗。音乐的散失是他最担心的问题，于是他设计了一种"保存机器"，可以把乐谱变成活物。两首流行歌曲被塞进拉伯林斯博士的机器里，变成了两只惊慌失措的老鼠；莫扎特的交响曲变成了一只小鸟，披着孔雀羽衣；斯特拉文斯基的曲子变成了一只奇怪的鸟，古怪的碎片组成了它的身体。其他作曲家的作品则变成了昆虫——比如贝多芬的作品变成了甲虫，勃拉姆斯的作品则变成了一只蜈蚣模样的东西，或是全新的物种——比如瓦格纳的作品变成了颜色浓艳、十分激动的生灵。每个动物都有自己的性格，温驯者有之，暴烈者亦有之。拉伯林斯在屋后的树林里放生了他的造物，但它们很快就凶悍起来，互相吞食，一到夜间，那里便充斥着尖叫。面对如此事态，博士非常不安，于是他抓了一只巴赫甲虫，又塞进了自己的机器里。甲虫转换出来的音乐已经变得面目全非，那声音他闻所未闻，感觉如同来自异世。

在寻觅未来化石的路上，我见过各种惊人的、记录人类踪迹的方式，从雷娜塔·法拉利和威尔·菲盖拉的大堡礁数字地图到格陵兰和南极洲无比庞大的冰盖。"城市地层"这薄薄的一层是如今这些最伟大的城市在几亿年后将留下的一切，这是接纳了这些城市的废物的垃圾填埋场所预言、所预示的未来。互联网让我们建立了最为详尽的文明自画像，记录着每天发生的几十亿次交流和图像，储存在庞大炎热的数据中心里。然而，这些档案馆无论是有意为之还是无心插柳，它们都追求把记录保存在最根本的生命材料中。DNA 储存技术让我们有可能把自己的故事写在活生生的、可以自我复制的档案里。

这个想法让我感到一阵诡异的不适。科学家正想着用DNA 来储存数据，但与此同时，全球生物多样性急剧下降，这一对比实在是一种讽刺。把其他生命形式看作纯粹的资源，正是我们沦落到如今境地的主要原因，但当我们应该用心为所有生灵打造有希望的未来时，我们却开始钻研如何用生命本身保存我们自己的故事。同时，一想到未来我们可能要将自己最珍视的事物交给微生物来照管，我便感到强烈的不安。我不禁想，若获取信息时我们需要走向实验室而非图书馆，若我们试图回忆的信息储存在试管里，而非书页上，我们还会把这些信息看作自己的吗？我们或许可以把《莎士比亚全集》储存在人工合成的微生物记忆体里，但如果它们像博尔赫斯图书馆里的种种错误版本一样，不同于原版，即使只包含最微小的错误，我们可能也会怀疑自己的所见，怀疑它究竟还包含着何种信息，何种生命。拉伯林斯博士的选择是保存代表了人类文明巅峰成就的音乐，但他从自己的动物园里提取出来的信息却已经与人类无关，在有机档案库中逗留一段时间后，它们已经扭曲变形。

然而，这或许是杞人忧天。2017 年，华盛顿大学的研究人员成功地把深紫乐队（Deep Purple）的《水上烟雾》（*Smoke on the Water*）和迈尔斯·戴维斯（Miles Davis）的《芭蕾短裙》（*Tutu*）存在了 DNA 里。再转码回来后，两首歌都状态完美。

2003 年，实验性诗人克里斯蒂安·博克（Christian Bök）读到了黄伯中的论文，便想到，或许细菌 DNA 不仅可以是诗歌的载体，还可以是诗歌创作的搭档。自此，他便投入了几十万美元，想尝试着把抗辐射奇异球菌变成永恒诗歌的创作机器，而非信息的保存机器。

抗辐射奇异球菌最早于 1956 年在一罐碎牛肉罐头里被发现。俄勒冈的科学家当时在试验伽马射线的防腐能力，却从中发现了一种无法消杀的细菌。它的拉丁名含义是"恐怖的种子，足以抵御辐射"：它可以耐受极端脱水环境和相当于人类致死量 1000 倍的伽马射线。在人类致死量 3000 倍的伽马射线照耀下，这种细菌会变得虚弱，但依然存活。2002 年，NASA 将一份细菌样本暴露在离地面 300 千米的太空中，接受太阳紫外线辐射长达 6 分钟，但抗辐射奇异球菌样本回到地面上后依然完好无损。

这种球菌之所以拥有如此超凡脱俗的韧性，都归功于其形状。这种细菌有 4 个细胞，结成紧密的环状，看上去有点像受难日圣糕。辐射损伤会让 DNA 断裂，但抗辐射奇异球菌紧密的结构意味着即使 DNA 断裂，也会被紧紧固定，让微生物可以迅速自我修复。根据最前沿的知识，它是无法被杀死的。克里斯蒂安·博克想象，写在抗辐射奇异球菌基因组里的诗歌将"在这个星球上存续到永恒，直到太阳爆炸"。

拜访兰杰铀矿后的几天，我在达尔文与克里斯蒂安会合，他在那里教创意写作。在回悉尼的航班起飞前的几小时，我匆匆走过达尔文教区街头，周围热得像蒸桑拿。我的目的地是大陆边缘的海边咖啡馆，我将在这里见到一位诗人，他试图写出一首会永远存续的诗篇。

　　阳光很烈，把海水照成了紫罗兰色。到咖啡馆时，我浑身大汗，因为走得太匆匆忙忙。相反，克里斯蒂安则好整以暇。我点了一杯橙汁，他喝着意式浓缩咖啡和起泡葡萄酒，并开始向我解释他的工作。黄伯中这样的研究者想保证编码信息维持不变，而克里斯蒂安则想让细菌尽可能地改动他的作品。这个项目的核心是一组十四行诗，名为《异文》(Xenotext)；两首诗分别叫作《俄耳甫斯》和《欧律狄刻》。第一步是找到一套加密算法，通过这套算法，可以把他所写的第一首诗转码成另一首完全不同的诗。"我是诗的发现者，而不是创作者。"他说。他编写了一个电脑软件，遍历将近 8 万亿种可能——大部分都读不通——最后终于找到了一种能用的加密算法（叫作 ANY-THE 112），可以把一首有意义的诗转成另一首有意义的诗。于是，"任何生命方式／都是合理的"——《俄耳甫斯》的第一行——就变成了"仙境充满玫瑰色／熹光"，也就是《欧律狄刻》的第一行。随后，他选了 26 个密码子（三个碱基对的组合，指导 DNA 到 RNA 的翻译），并与字母表一一对应。十四行诗《俄耳甫斯》被翻译成人工合成的密码子，并导入细菌中，抗辐射奇异球菌应该把这首诗"读"成制造蛋白质的指南，这个蛋白质通过加密算法再读取时，应该变成《欧律狄刻》。就像俄耳甫斯在阴间寻找失落的爱人，克里斯蒂安的诗进入无法杀死的细菌，去寻找它的搭档。

在奥维德的诗作中，俄耳甫斯被获准进入阴间的条件是，回到阳间以前不能看他的妻子。然而，在最后时刻，他情难自禁，还是回头看了她一眼，结果只得看着她再次堕回黑暗。再度失去欧律狄刻的悲痛让俄耳甫斯大受打击，以至于死后，他被撕下的头颅仍然在希伯鲁斯河的水面上无休无止地唱着悲歌。他的幽魂再次进入阴间，这一次，他终于可以和妻子重逢，长相厮守。"两人走在一起，肩并着肩，"奥维德写道，"偶尔，他走在前面，回头看去，现在，他可以随心所欲地看着他的欧律狄刻了。"

2019 年新年那天，《俄耳甫斯》和《欧律狄刻》乘坐着NASA 的新视野号太空飞船穿过了终极远境（Ultima Thule）。这片太阳系形成过程中留下的小行星带距离地球 65 亿公里。如今，这两首十四行诗成为"洞察号"着陆器有效载荷的一部分，一起登上了火星表面。克里斯蒂安费了很大力气保证诗作可以长久延续下去，但如果他的微生物实验成功，《异文》就可能会比其他任何未来化石都存续得更久。100 万年后，昂科洛里的核废料已经和一团黄油一样无害，新奥尔良和上海这样的城市已压扁在几公里厚的泥巴和黏土之下，抗辐射奇异球菌还会继续写作。当地球表面上，人类曾存在过的证据只剩下总统山上面目不清、饱受风蚀的面孔，空洞地望着天空，这些细菌依然如故；在死亡的太阳吞没地球以前，《俄耳甫斯》和《欧律狄刻》都会唱着这首双重唱。

然而现在，《欧律狄刻》仍然难以寻觅。实验 14 年后，克里斯蒂安终于证实了《俄耳甫斯》已经进入了细菌，而且还产生了对应的蛋白质。然而，现在他仍然不能合成这种蛋白质，并把《欧律狄刻》带回到世间。抗辐射奇异球菌并不配合他的工作。"这感觉就像是我在和这种生灵谈判，"克里斯蒂安说，"无论怎么做都没有用。诅咒它、伤害它，都没有用——它不愿意配合。"

他沮丧地笑了。"就像讨好一个小上帝。"

尾　声
望见新时代

　　天空澄澈，几缕棉絮似的浮云在一片湛蓝中飘浮。时值 3 月，几周前，爱丁堡还覆盖在厚雪之下，今天却仿佛可以收起冬衣，让北海吹来的微风穿过薄薄的汗衫。今年冬天徘徊得格外久，严冬每周都变得更为沉重，天气也没有多少变化，但这阵温和的暖风似乎在承诺，下一个季节的脚步近了。

　　这个时节，我总会带着学生到丹巴的海滩散步，去看遥远未来和遥远过去如何接壤。那天早上，我们下了火车，沿海滨往灯塔走去，全程都走在满是小石子的沙滩上，免得撞上在边缘徘徊的高尔夫球手。海潮正在褪去，海鸥俯冲向海面，飞行盘旋；稍远处，海潮尚未褪去，岩石上站着一只鸬鹚，晾着被打湿的羽翼。涨潮线下，海滩边上伸出一条石灰石步道。海水退去，露出一片平台，上面满是古代生物的足迹化石。到灯塔后，我知道，远处核电站那矮胖的轮廓将映入眼帘。现在，隔着树影，已经能看到一片空白的工业建筑的水泥结构。我想让学生看看，在石灰石步道上，3亿年前铸就的痕迹是如何预示着人类的未来。于是，我看着脚下光滑的岩石，想知晓它究竟会揭示什么。

我们正在端详一块砂岩，上面印着如今已不在的古代潮水起伏的痕迹，与此同时，有东西吸引了我的目光。刚开始，我以为那是被扔在垃圾堆里的一团海草，但它更像是一丛石楠，从远处的山边移栽到了这里。几千片淡橙色和绿松石色的蕨叶不过针尖粗细，如触角一般弯曲摆动，盘踞在一块圆粒岩上，石头的大小正好双手可以握住。顶上满是沙砾，从上往下看，这东西落满了沙子，被太阳晒得发白。很难判断它到底是植物还是无机物。石头和生物融合在一起，又变回了石头。

在保罗·瓦莱里（Paul Valéry）的《欧帕利诺斯》（*Eupalinos*）中，苏格拉底的幽魂提到多年以前，他少年时期曾走过一片"无边无际的海岸"。那片海滩上满是被海所拒斥的，陆地却不愿取回的东西——沉船烧焦的碎片，还有被海怪损毁的尸体。他从中见到一件东西，把他惊了一跳：那东西是白色、坚硬而光滑的，但同时也毫无特点。他揣摩起来，那到底是什么，又来自哪里。那或许是被打磨光滑的鱼骨，或许是一块弯曲的象牙、一座沉船中遗失的神像。他还推断，或许，那不过是"一段无限漫长的时间所结出的果实"。

我们仔细端详这古怪的物体，戳着它的枝丫。枝丫触感坚硬，带有弹性，感觉像是人造物，但形状却实在无从辨认。我把它拿了起来，和保龄球差不多重。

我把那层触手状的奇怪坚硬蕨叶剥开了一点，发现下面一根厚实的管道，有一点棱角，大体被粗细不等的沙砾覆盖了。我意识到，这不是植物，而是一段渔网，和岩石融合在了一起。渔网两端已经严重磨损，上千根纤维都已散开，像异星球的叶子一样垂着，其间混着沙砾，破败不堪。这东西是塑料砾岩，一种在人类世形成的全新岩石，是沙滩火场中融化的塑料残渣与石头和泥沙颗粒融合在一起的产物。塑料砾岩最先在2006年于夏威夷被发现，此后便出现在全球各地的海滩上，仿佛信使一般预示着一个古怪新世界的来临。

未来化石带来了一种奇特的挑战，我们要学会看见未来即将来临且已经降临的变化。在深远未来中穿梭时，我常常看见 enargeia 突入当下：在浦东高楼大厦上闪烁的阳光里，在昆斯费里大桥明亮的航船上；还有我曾亲手握过的亮晶晶的冰核，奶油白色珊瑚核上几千张美杜莎大张的嘴。铜制储存罐的亮盖掩埋在昂科洛的黑暗中，灭绝的阴霾在全球肆虐，威胁着要吞没生命的色彩。还有多年以前印下黑斯堡足迹的光滑泥浆，以及爱德华·伯汀斯基照片里亮着光的黑色脚印。虽然我们找到的这块古怪的塑料砾岩表面黯淡，就像苏格拉底发现的神秘白色物体，这块如植物般的岩石依然闪着与它们类似的古怪光芒。

"如果现在发现新世界，"伊塔洛·卡尔维诺曾问道，"我们能看到它吗？"新世界的迹象在身边随处可见，在地形中，在物品里，在我们视野的边缘，微光闪烁，不断变化。看似转瞬即逝之物却蕴含着抵御时间冲刷的潜力，思及此，已足以让人头脑发晕。我们将在"深时"中留下印记已经不可避免，我们所建造的庞大城市、广阔道路以及耐用材料已经保证了这一点。其余印记是否会被刻下，取决于我们尚未做出的决策，比如变得空荡荡的生态系统，或是冷冻甲烷融化后所带来的灾难。然而，任务之重大——意识到此时此地的变化会影响到子子孙孙，感受到我们与其他生灵之间急迫而紧密的责任——再如何强调也不为过。未来化石让我们看到，我们不仅仅对自己的子孙负有责任，不仅要考虑到我们孩子的孩子的孩子，还要考虑到几百代，甚至几千代以后的人。他们的语言与文化将与我们所知晓的、所想象的大相径庭，但他们所生活其中的世界将被我们的决策深深影响，哪怕这些决定早在他们出生前几千年就已经决定。我相信，我们越清楚不采取行动将带来怎样的新世界，便越能想象另一种可能性：不仅是我们的另一种可能性，还是子孙后代的另一种可能性。

然而，这并不轻松。我们看着周围的世界，以为自己知道未来将会如何，却错过了宝贵的机会，无法在看到现状的同时意识到未来的变化。卡尔维诺观察到，每天，新世界都在诞生，而我们却对此视而不见。在日常生活的冲刷之下，我们忽视了其中微妙的变化；我们透过习惯的滤镜，用昨日的目光来观察今日的情况。我们所面临的挑战，在于透过奔涌而来的未来之光真正去学习，而不是检视我们的当下与我们自己。

苏格拉底的幽魂回忆当初，那令人迷惑的物体让他饱受困扰。"我实在无法判断，"他回忆道，"这东西到底是生命的造物，还是艺术的作品，又或是时间的成果。"突然之间，在沮丧之中，他将它扔回了海里，但他的所见所闻仍然留在脑海之中，以他无法详尽描述的方式改变了他。即使已经变成了鬼魂，他仍然记得它那令人迷惑的白色。站在那令人熟悉的海滩上，我知道，我们这古怪的发现也将永远伴随着我。这就是新世界，正躺在我的手心。

我们又花了几分钟研究这奇怪的发现，把它翻来覆去，像探矿者寻找金子的痕迹。但它太沉了，没法拿走，我便将它留在了涨潮线上的石头上。天色渐灰，我们沿着沙滩走向灯塔，身后的碎石滩上没有留下足迹。

参考文献

引言　晦暗未来的蛛丝马迹

Anthony Andrady, *Plastics and Environmental Sustainability* (John Wiley, 2015); David Archer, 'Fate of Fossil Fuel CO_2 in Geologic Time', *Journal of Geophysical Research* 110 (2005); David Archer and Victor Brovkin, 'The Millennial Atmospheric Lifetime of Anthropogenic CO_2', *Climate Change* 90 (2008); Aristotle, *Rhetoric*, trans. Lane Cooper (Appleton-Crofts, 1932); Thomas Carlyle, 'Boswell's Life of Johnson', *Fraser's Magazine* 5, no. 28 (May 1832); Damian Carrington, 'How the Domestic Chicken Rose to Define the Anthropocene', *Guardian*, 31 August 2016; John Stewart Collis, *The Worm Forgives the Plough* (Penguin, 1975); Daniel Defoe, *Robinson Crusoe* (Oxford University Press, 2007); T. S. Eliot, *Complete Poems: 1909–1962* (Faber, 2009); Owen Gaffney and Will Steffen, 'The Anthropocene Equation', *Anthropocene Review* 4, no. 1 (2017); William Grimes, 'Seeking the Truth in Refuse', *New York Times*, 13 August 13 1992; Roger LeB. Hooke, 'On the History of Humans as Geomorphic Agents', *Geology* 28, no. 9 (2000); Richard Irvine, 'The Happisburgh Footprints in Time', *Anthropology Today* 30, no. 2 (2014); Adam Nicolson, *The Seabird's Cry* (William Collins, 2017); Alice Oswald, *Memorial* (Faber, 2011); Stephanie Pappas, 'Human Ancestor 'Family' May Not Have Been Related', Live Science, 4 November 2011, https://www.livescience.com/16894-human-ancestor-laetoli-footprints-family.html; Heinrich Plett, *Enargeia in Classical Antiquity and the Early Modern Age*

(Brill, 2012); Percy Bysshe Shelley, *The Major Works* (Oxford University Press, 2003); Robert Louis Stevenson, 'A Gossip on Romance', *Longman's Magazine* 1, no. 1 (November 1882); James Temperton, 'Inside Sellafield: How the UK's Most Dangerous Nuclear Site Is Cleaning Up Its Act', *Wired*, 17 September 2016, https://www.wired.co.uk/article/inside -sellafield-nuclear-waste-decommissioning; Alfred, Lord Tennyson, *In Memoriam* (W. W. Norton, 2004); Bruce Wilkinson, 'Humans as Geo-logic Agents: A Deep-Time Perspective', *Geology* 33, no. 3 (2005); Jan Zalasiewicz and Katie Peek, 'A History in Layers', *Scientific American* 315, no. 3 (2016).

CHAPTER 01　不知餍足的道路

J. G. Ballard, *Extreme Metaphors: Collected Interviews* (Fourth Estate, 2014); Vince Beiser, 'The Deadly Global War for Sand', *Wired*, 26 March 2015, https://www.wired.com/2015/03/illegal-sand-mining; A. G. Brown et al., 'The Anthropocene: Is There a Geomorphological Case?', *Earth Surface Processes and Landforms* 38, no. 4 (2013); Edward Burtynsky, *Manufactured Landscapes: The Photography of Edward Burtynsky* (National Gallery of Canada, 2003); Edward Burtynsky, *Quarries* (Steidl, 2007); Edward Burtynsky, *Oil* (Steidl/Corcoran, 2009); Bruce Chatwin, *In Patagonia* (Picador, 1977); Hart Crane, *The Complete Poems of Hart Crane* (Liveright, 2001); Joan Didion, *The White Album* (Farrar, Straus and Giroux, 1979); Ralph Waldo Emerson, *Emerson's Prose and Poetry* (W. W. Norton, 2001); Roy Fisher, *The Long and the Short of It: Poems 1955–2010* (Bloodaxe, 2012); Seamus Heaney, *Station Island* (Faber, 1984); Roger LeB. Hooke, 'On the Efficacy of Humans as Geomorphic Agents', *GSA Today* 4, no. 9 (1994); Ryszard Kapuściński, *Shah of Shahs*, trans. William R. Brand and Katarzyna Mroczkowska-Brand (Penguin, 2006); KCGM, 'Mineral Processing', http://www.superpit.com.au/about /mineral-processing/; Jack Kerouac, *On the Road* (Penguin, 1991); Barry Lopez, *Arctic Dreams* (Picador, 1986); Michael Mitchell, 'More Urgent Than Beauty', in Edward Burtynsky, *Quarries* (Steidl, 2007); Ben Okri, *The Famished Road* (Vintage, 1992); David Owen, 'The World Is Running Out of Sand', *New Yorker*, 22 May 22 2017; Val Plumwood, 'Shadow Places and the Politics of Dwelling', *Australian Humanities Review* 44 (March 2008); E. Ramirez-Llodra, 'Man and the Last Great Wilderness: Human Impact on the Deep Sea', *PLoS One* 6, no. 8 (2011); Neil L. Rose, 'Spheroidal Carbonaceous Fly Ash Particles Provide a Globally

Synchronous Stratigraphic Marker for the Anthropocene', *Environmental Science and Technology* 49, no. 7 (2015); Wolfgang Schivelbusch, *The Railway Journey: The Industrialization and Perception of Time and Space* (University of California Press, 1977); Autumn Spanne, 'We're Running Out of Sand', *Mental Floss*, 21 June 2015, https://www.mentalfloss.com/article/65341/were-running-out-sand; Christopher Simon Sykes, *Hockney: A Pilgrim's Progress* (Century, 2011); James P. M. Syvitski and Albert J. Kettner, 'Sediment Flux and the Anthropocene', *Philosophical Transactions of the Royal Society A* 369 (2011); Edward Thomas, *The Icknield Way* (Wildwood House, 1980); Michael Torosian, 'The Essential Element: An Interview with Edward Burtynsky', in *Manufactured Landscapes: The Photography of Edward Burtynsky*, ed. Lori Pauli (National Gallery of Canada, 2003); Gaia Vince, *Adventures in the Anthropocene* (Chatto and Windus, 2014); Jan Zalasiewicz, *The Earth After Us* (Oxford University Press, 2008); Jan Zalasiewicz et al., 'Human Bioturbation, and the Subterranean Landscapes of the Anthropocene', *Anthropocene* 6 (2014); Jan Zalasiewicz et al., 'Petrifying Earth Process: The Stratigraphic Imprint of Key Earth System Parametres in the Anthropocene', *Theory, Culture, and Society* 34, nos. 2–3 (2017).

CHAPTER 02　单薄的城市

Peter Ackroyd, *Venice: Pure City* (Vintage, 2010); J. G. Ballard, *Extreme Metaphors: Collected Interviews* (Fourth Estate, 2014); J. G. Ballard, *Miracles of Life* (Fourth Estate, 2014); J. G. Ballard, *The Drowned World* (Fourth Estate, 2012); Walter Benjamin, *The Arcades Project*, trans. Howard Eiland and Kevin McLaughlin (Harvard University Press, 1999); Walter Benjamin, *Illuminations*, trans. Harry Zohn (Fontana/Collins, 1979); Daniel Brook, *A History of Future Cities* (Norton, 2013); Italo Calvino, *Hermit in Paris*, trans. Martin McLaughlin (Jonathan Cape, 2003); Italo Calvino, *Invisible Cities*, trans. William Weaver (Picador, 1979); Richard Campanella, 'How Humans Sank New Orleans', *Atlantic*, 6 February 2018; 'China Is Trying to Turn Itself into a Country of 19 Super-Regions', *Economist*, 23 June 2018; J. A. Church et al., 'Sea Level Change', in *Climate Change 2013: The Physical Science Basis. Contribution of Working Group I to the Fifth Assessment Report of the Intergovernmental Panel on Climate Change*, eds. T. F. Stocker et al. (Cambridge University Press, 2013); Lisa Cox, 'Cavity Two-Thirds the Size of Manhattan Discovered Under Antarctic Glacier', *Guardian*, 6 February 2019; Orlando

Croft, 'China's Atlantis: How Shanghai Is Slowly Sinking Under the Weight of Its Tallest Towers', *IB Times*, 9 January 2017; *The Epic of Gilgamesh*, trans. Andrew George (Penguin, 2003); Jeff Goodell, *The Waters Will Come* (Black, 2018); O. Hoegh-Guldberg et al., 'Impacts of 1.5°C Global Warming on Natural and Human Systems', in *Global Warming of 1.5°C*, ed. V. P. Masson-Delmotte et al. (World Meteorological Organization, 2018); Hurricane Katrina External Review Panel, *The New Orleans Hurricane Protection System: What Went Wrong and Why* (ASCE Press, 2007); IPCC, 'Summary for Policymakers', in *Global Warming of 1.5°C*, ed. V. P. Masson-Delmotte et al. (World Meteorological Organization, 2018); Frederic Lane, *Venice: A Maritime History* (Johns Hopkins University Press, 1973); Leo Ou-Fan Lee, *Shanghai Modern: The Flowering of New Urban Culture in China, 1930–1945* (Harvard University Press, 1999); Coco Lui, 'Shanghai Struggles to Save Itself from the Sea', *New York Times*, 27 September 2011; Hugh MacDiarmid, *Selected Poetry* (Carcanet, 2004); Joe McDonald, 'Shanghai Is Sinking', ABC News, 28 July 2000; Robert I. McDonald et al., 'Urbanization and Global Trends in Biodiversity and Ecosystem Services', in *Urbanization, Biodiversity and Ecosystem Services: Challenges and Opportunities*, ed. Thomas Elmqvist et al. (Springer, 2013); Gordon McGranahan et al., 'Low Coastal Zone Settlements', *Tiempo* 59 (2006), https://sedac.ciesin.columbia.edu/downloads/docs/lecz/coastal_tiempo.pdf; Olga Mecking, 'Are the Floating Houses of the Netherlands a Solution Against Rising Seas?', *Pacific Standard*, 21 August 2017, https://www.psmag.com/environment/are-the-floating-houses-of-the-netherlands-a-solution-against-the-rising-seas; P. Milillo et al., 'Heterogeneous Retreat and Ice Melt of Thwaites Glacier, West Antarctica', *Science Advances* 5, no. 1 (2019); Edward Muir, *Civic Ritual in Renaissance Venice* (Princeton University Press, 1981); Jaap H. Nienhuis et al., 'A New Subsidence Map for Coastal Louisiana', *GSA Today* 27, no. 9 (2017); John Ruskin, *Stones of Venice* (Dana Estes, 1851); W. G. Sebald, *Vertigo*, trans. Michael Hulse (Harvill Press, 1990); Mu Shying, *China's Lost Modernist*, trans. Andrew David Field (Hong Kong University Press, 2014); J. D. Stanford et al., 'Sea-Level Probability for the Last Deglaciation: A Statistical Analysis of Far-Field Records', *Global and Planetary Change* 79, nos. 3–4 (2011); UN-Habitat, *Urbanisation and Development: Emerging Futures World Cities Report* (2016); Union Internationale des Transports Publics, *World Metro Figures: Statistics Brief*, October 2015, https://www.uitp.org/sites/default/files/cck-focus-papers-files/UITP

-Statistic%20Brief-Metro-A4-WEB_0.pdf; US Department of Housing and Urban Development, *The Big 'U': Rebuild by Design*, http://www. rebuildbydesign.org; *What the World Would Look Like If All the Ice Melted*, September 2013, https://www.nationalgeographic.com; P. P. Wong et al., 'Coastal Systems and Low-Lying Areas', in *Climate Change 2014: Impacts, Adaptation, and Vulnerability. Part A: Global and Sectorial Aspects. Contribution of Working Group II to the Fifth Assessment Report of the Intergovernmental Panel on Climate Change*, ed. C. B. Field et al. (Cambridge University Press, 2014); *World Ocean Review 5: Coasts – A Vital Habitat Under Pressure* (Maribus, 2017), https://www.worldoceanreview.com/en /wor-5/; Qiu Xiaolong, *A Case of Two Cities* (Hodder and Stoughton, 2006); Jan Zalasiewicz, *The Earth After Us* (Oxford University Press, 2008).

CHAPTER 03　瓶子英雄

Anthony Andrady, *Plastics and Environmental Sustainability* (Wiley, 2015); David K. A. Barnes et al., 'Accumulation and Fragmentation of Plastic Debris in Global Environments', *Philosophical Transactions of the Royal Society B* 364 (2009); Roland Barthes, *Mythologies*, trans. Annette Lavers (Paladin, 1987); Bernadette Bensaude-Vincent, 'Plastics, Materials, and Dreams of Dematerialization', in *Accumulation: The Material Politics of Plastic*, ed. Jennifer Gabrys et al. (Routledge, 2013); C. M. Boerger et al., 'Plastic Ingestion by Planktivorous Fishes in the North Pacific Central Gyre', *Marine Pollution Bulletin* 60, no. 12 (2010); Mark A. Browne et al., 'Spatial Patterns of Plastic Debris Along Estuarine Shorelines', *Environmental Science and Technology* 44, no. 9 (2010); Matthew Cole et al., 'Microplastic Ingestion by Zooplankton', *Environmental Science and Technology* 47, no. 12 (2013); Patricia L. Corcoran et al., 'An Anthropogenic Marker Horizon in the Future Rock Record', *GSA Today* 24, no. 6 (2014); Patricia L. Corcoran et al., 'Hidden Plastics of Lake Ontario', *Environmental Pollution* 204 (2015); Marcus Eriksen et al., 'Plastic Pollution in the World's Oceans: More Than 5 Trillion Plastic Pieces Weighing Over 250,000 Tons Afloat at Sea', *PLoS One* 9, no. 12 (2014); Jan A. Franeker and Kara Lavender Law, 'Seabirds, Gyres and Global Trends in Plastic Pollution', *Environmental Pollution* 203 (2015); Roland Geyer et al., 'Production, Use, and Fate of All Plastics Ever Made', *Science Advances* 3, no. 7 (2017); William Golding,

The Inheritors (Faber, 1955); Murray Gregory, 'Environmental Implications of Plastic Debris in Marine Settings', *Philosophical Transactions of the Royal Society B* 364 (2009); E. A. Howell et al., 'On North Pacific Circulation and Associated Marine Debris Concentration', *Marine Pollution Bulletin* 65, nos 1–3 (2012); Juliana A. Ivar do Sul and Monica F. Costa, 'The Present and Future of Microplastic Pollution in the Marine Environment', *Environmental Pollution* 185 (2014); Mark Jackson, 'Plastic Islands and Processual Grounds: Ethics, Ontology, and the Matter of Decay', *Cultural Geographies* 20, no. 2 (2012); Sarah Laskow, 'How the Plastic Bag Became So Popular', *Atlantic*, 10 October 2014; Bruno Latour, *Pandora's Hope: Essays on the Reality of Science Studies* (Harvard University Press, 1999); L. C.-M. Lebreton et al., 'Numerical Modelling of Floating Debris in the World's Oceans', *Marine Pollution Bulletin* 64, no. 3 (2012); Ursula K. Le Guin, 'The Carrier Bag Theory of Fiction', in *Women of Vision*, ed. Denise DuPont (St. Martin's Press, 1988); Jeffrey Meikle, *American Plastic: A Cultural History* (Rutgers University Press, 1997); Christopher K. Pham et al., 'Marine Litter Distribution and Density in European Seas, from the Shelves to the Basins', *PLoS One* 9, no. 4 (2014); William G. Pichel et al., 'Marine Debris Collects Within the North Pacific Subtropical Convergence Zone', *Marine Pollution Bulletin* 54, no. 8 (2007); Peter G. Ryan et al., 'Monitoring the Abundance of Plastic Debris in the Marine Environment', *Philosophical Transactions of the Royal Society B* 364 (2009); Xavier Tubau et al., 'Marine Litter on the Floor of Deep Submarine Canyons of the Northwestern Mediterranean Sea', *Progress in Oceanography* 134 (2015); Lisbeth Van Cauwenberghe et al., 'Microplastic Pollution in Deep-Sea Sediments', *Environmental Pollution* 182 (2013); Lucy C. Woodall et al., 'The Deep Sea Is a Major Sink for Microplastic Debris', *Royal Society Open Science* 1, no. 4 (2014); R. Yamashita and A. Tanimura, 'Floating Plastic in the Kuroshio Current Area, Western North Pacific Ocean', *Marine Pollution Bulletin* 54, no. 4 (2007); Jan Zalasiewicz et al., 'The Geological Cycle of Plastics and Their Use as a Stratigraphic Indicator of the Anthropocene', *Anthropocene* 13 (2016); Eric Zettler et al., 'Life in the 'Plastisphere': Microbial Communities on Plastic Marine Debris', *Environmental Science and Technology* 47, no. 13 (2013).

CHAPTER 04　巴别图书馆

Richard Alley, *The Two-Mile Time Machine: Ice Cores, Abrupt Climate Change, and Our Future* (Princeton University Press, 2000); Matthew Amesbury et al., 'Widespread Biological Response to Rapid Warming on the Antarctic Peninsula', *Current Biology* 27, no. 11 (2017); Alessandro Antonello, 'Engaging and Narrating the Antarctic Ice Sheet', *Environmental History* 22, no. 1 (2017); Alessandro Antonello and Mark Carey, 'Ice Cores and the Temporalities of the Global Environment', *Environmental Humanities* 9, no. 2 (2007); Jonathan Bate, *The Song of the Earth* (Picador, 2000); Tom Bawden, 'Global Warming: Data Centres to Consume Three Times as Much Energy in Next Decade', *Independent*, 23 January 2016; Jorge Luis Borges, *Labyrinths*, trans. James E. Irby (Penguin, 2000); James W. P. Campbell, *The Library: A World History* (Thames and Hudson, 2013); Mark Carey, 'The History of Ice: How Glaciers Became an Endangered Species', *Environmental History* 12, no. 3 (2007); Damian Carrington, 'A Third of Himalayan Ice Cap Doomed, Finds Report', *Guardian*, 4 February 2019; Joseph Cheek, 'What Ice Cores from Law Dome Can Tell Us About Past and Current Climates', 12 August 2011, https://www.sciencepoles. org/interview/what-ice-cores-from-law-dome-can-tell-us-about-past-and -current-climates; William Colgan et al., 'The Abandoned Ice Sheet Base at Camp Century, Greenland, in a Warming Climate', *Geophysical Research Letters* 43, no. 15 (2016); DOMO, 'Data Never Sleeps 6.0', https://www. domo.com/learn/data-never-sleeps-6; Aant Elzinga, 'Some Aspects in the History of Ice Core Drilling and Science from IGY to EPIPCA', in *National and Trans-National Agendas in Antarctic Research from the 1950s and Beyond*, ed. C. Lüdecke (Byrd Polar and Climate Research Centre, Ohio State University, 2013); Michel Foucault, 'Of Other Spaces', trans. Jay Miskoweic, *Diacritics* 16, no. 1 (1986); Gavin Francis, *Empire Antarctica: Ice, Silence and Emperor Penguins* (Chatto and Windus, 2012); A. Ganopolski et al., 'Critical Insolation-CO_2 Relations for Diagnosing Past and Future Glacial Inception', *Nature* 529 (2016); Tom Griffiths, 'Introduction: Listening to Antarctica', in *Antarctica: Music, Sounds and Cultural Connections*, ed. Bernadette Hince et al. (Australian National University Press, 2015); O. Hoegh-Guldberg et al., 'Impacts of 1.5°C Global Warming on Natural and Human Systems', in *Global Warming of 1.5°C*, ed. V. P. Masson-Delmotte et al. (World Meteorological Organization, 2018); Adrian Howkins, 'Melting Empires? Climate Change and Politics in Antarctica Since the International Geophysical Year', *Osiris* 26, no. 1 (2011); Alexander Koch, 'Earth System Impacts of the European Arrival and Great Dying in the Americas After 1492', *Quaternary Science Reviews* 207 (2019); Tété-Michel Kpomassie, *An African in Greenland*, trans. James Kirkup (New York Review Books, 2001); Chester C. Langway, Jr., *The History of Early Polar Ice Cores* (Engineer Research and Development Centre, 2008); Kurd Lasswitz, 'The Universal Library', in *Fantasia Mathematica* (Simon & Schuster, 1958); Jasmine R. Lee et al., 'Climate Change Drives Expansion of Antarctic Ice-Free Habitat', *Nature* 547 (2017); Matthieu Legendre et al., 'In-Depth Study of *Mollivirus sibericum*, a New 30,000-y-Old Giant Virus Infecting *Acanthamoeba*', *Proceedings of the National Academy of Sciences* 112, no. 38 (2015); Alec Luhn, 'Anthrax Outbreak Triggered by Climate Change Kills Boy in Arctic Circle', *Guardian*, 1 August 2016; D. R. MacAyeal, 'Seismology Gets Under the Skin of the Antarctic Ice Sheet', *Geophysical Research Letters* 45, no. 20 (2018); Janet Martin-Nielsen, "The Deepest and Most Rewarding Hole Ever Drilled': Ice Cores and the Cold War in Greenland', *Annals of Science* 70, no. 1 (2013); Oliver Milman, 'US Glacier National Park Losing Its Glaciers with Just 26 of 150 Left', *Guardian*, 11 May 2017; Jing Ming et al., 'Widespread Albedo Decreasing and Induced Melting of Himalayan Snow and Ice in the Early 21st Century', *PLoS One* 10, no. 6 (2015); John Muir, *John Muir: His Life and Letters and Other Writings*, ed. Terry Gifford (Mountaineering Books, 1996); John Muir, 'Yosemite Glaciers', *New-York Tribune*, 5 December 1871; Kristian H. Nielsen et al., 'City Under the Ice: The Closed World of Camp Century in Cold War Culture', *Science as Culture* 23, no. 4 (2014); Rachel Obbard et al., 'Global Warming Releases Microplastic Legacy Frozen in Arctic Sea Ice', *Earth's Future* 2, no. 6 (2014); Alvin Powell, 'Study of 14th-Century Plague Challenges Assumptions on "Natural" Lead Levels', Phys.org, 31 May 2017, https://www.phys.org/news /2017-05-14th-century-plague-assumptions-natural.html; Project Ice Memory, https://fondation.univ-grenoble-alpes.fr; Radicati Group, Inc., *Email Statistics Report, 2017–2021*, February 2017, https://www.radicati. com/wp/wp-content/uploads/2017/01/Email-Statistics-Report-2017 -2021-Executive-Summary.pdf; Arundhati Roy, 'What Have We Done to Democracy? Of Nearsighted Progress, Feral Howls, Consensus, Chaos, and a New Cold War in Kashmir', *TomDispatch*, 27 September 2009, http://www.tomdispatch.com/blog/175125/tomgram%3A _arundhati_roy%2C_is_democracy_melting; William Ruddiman, 'The

Anthropogenic Greenhouse Era Began Thousands of Years Ago', *Climate Change* 61, no. 3 (2003); William Ruddiman, 'How Did Humans First Alter Global Climate?', *Scientific American* 292, no. 3 (March 2005); Ted Schuur, 'The Permafrost Prediction', *Scientific American* 315, no. 6 (2016); Yun Lee Too, *The Idea of the Library in the Ancient World* (Oxford University Press, 2010); Peter Wadhams, *A Farewell to Ice* (Allen Lane, 2016); Walter Wager, *Camp Century: City Under the Ice* (Chilton Books, 1962); Eric N. Woolf, 'Ice Sheets and the Anthropocene', in *A Stratigraphic Basis for the Anthropocene*, ed. Colin Waters et al. (Geological Society of London, 2014).

The recording of Antarctic ice singing is available here: https://www.theguardian.com/global/video/2018/oct/18/researchers-capture-audio-of-antarctic-ice-singing-video.

CHAPTER 05　美杜莎的凝视

Theodor Adorno, *Prisms*, trans. Samuel and Shierry Weber (Massachusetts Institute of Technology Press, 1967); Joseph Banks, *The Endeavour Journal of Joseph Banks: The Australian Journey*, ed. Paul Brunton (Angus and Robertson, 1998); Tom Bawden, 'Caribbean Coral Reefs Are Declining at 'an Alarming' Rate', *Independent*, 2 July 2014; Thomas Browne, *Pseudodoxia Epidemica* 1 (Clarendon Press, 1981); Gilbert Camoin and Jody Webster, 'Coral Reefs and Sea-Level Change', *Developments in Marine Geology* 7 (2014); *The Correspondence of Charles Darwin*, ed. Frederick Burkhardt and Sydney Smith, vol. 1, *1821–1836* (Cambridge University Press, 1985); Adrian Desmond and James Moore, *Darwin* (Michael Joseph, 1991); Tim DeVries, 'Recent Increase in Oceanic Carbon Uptake Driven by Weaker Upper-Ocean Overturning', *Nature* 542 (2017); C. G. Ehrenberg, 'On the Nature and Formation of the Coral Islands and Coral Banks in the Red Sea', *Journal of the Bombay Branch of the Royal Asiatic Society* 1 (July 1841–July 1844); Great Barrier Reef Marine Park Authority, *Final Report: 2016 Coral Bleaching Event on the Great Barrier Reef* (GBRMPA, 2017); Jane Ellen Harrison, *Prolegomena to the Study of the Greek Religion* (Cambridge University Press, 2013); Stefan Helmreich, *Sounding the Limits of Life: Essays in the Anthropology of Biology and Beyond* (Princeton University Press, 2015); Terry Hughes et al., 'Ecological Memory Modifies the Cumulative Impact of Recurrent Climate Extremes', *Nature Climate Change* 9 (2019); Derek Jarman,

Chroma (Vintage, 2000); Elizabeth Kolbert, 'The Darkening Sea', *New Yorker*, 20 November 2006; Dan Lin and Kathy Jetñil-Kijiner, 'Dome Poem Part III: "Anointed" Final Poem and Video', 16 April 2018, https://www.kathyjetnilkijiner.com/dome-poem-iii-anointed-final-poem-and-video/; Iain McCalman, *The Reef: A Passionate History* (Scribe, 2014); Mathelinda Nabugodi, 'Medusan Figures: Reading Percy Bysshe Shelley and Walter Benjamin', *MHRA Working Papers in the Humanities* 9 (2015); Patrick D. Nunn and Nicholas J. Reid, 'Aboriginal Memories of Inundation of the Australian Coast Dating from More Than 7,000 Years Ago', *Australian Geographer* 47, no. 1 (2016); Ovid, *Metamorphoses*, trans. Mary Innes (Penguin, 1955); Nicholas J. Reid et al., 'Indigenous Australian Stories and Sea-Level Change', in *Indigenous Languages and Their Value to the Community*, ed. Patrick Heinrich and Nicholas Ostler, Proceedings of the 18th Foundation for Endangered Languages Conference, Okinawa, Japan (2014); C. Sabine, 'Study Details Distribution, Impacts of Carbon Dioxide in the World Oceans', *NOAA Magazine*, 2014, http://www.noaanews.noaa.gov; William Shakespeare, *The Tempest* (Bloomsbury, 2011); Derek Walcott, *Omeros* (Faber, 1990); Colin Woodroffe and Jody Webster, 'Coral Reefs and Sea Level Change', *Marine Geology* 352 (2014); Frances Yates, *The Art of Memory* (Routledge, 1966).

CHAPTER 06　时间下的时间

Svetlana Alexievich, *Chernobyl Prayer*, trans. Anna Gunin and Arch Tait (Penguin, 2013); 'Australia's Uranium', World Nuclear Association, http://www.world-nuclear.org/information-library/country-profiles/countries-a-f/australia.aspx; David Bradley, *No Place to Hide* (University Press of New England, 1983); Julia Bryan-Wilson, 'Building a Marker of Nuclear Warning', in *Monuments and Memory, Made and Unmade*, ed. Robert S. Nelson and Margaret Olin (University of Chicago Press, 2003); Jane Dibblin, *Day of Two Suns: U.S. Nuclear Testing and the Pacific Islanders* (New Amsterdam, 1990); Herodotus, *The Histories*, trans. Aubrey de Sélincourt (Penguin, 1996); Russell Hoban, *The Moment Under the Moment* (Picador, 1992); International Atomic Energy Agency, *Estimation of Global Inventories of Radioactive Waste and Other Radioactive Materials*, IAEA-TECDOC-1591 (IAEA, 2008); Jawoyn Association, https://www.jawoyn.org.au; Barbara Rose Johnson, 'Nuclear Disaster: The Marshall Islands Experience and Lessons for a Post-Fukushima World', in *Global Ecologies and the Environmental Humanities: Postcolonial Approaches*, ed.

Anthony Carrigan et al. (Routledge, 2015); *The Kalevala*, trans. Keith Bosley (Oxford University Press, 2008); Martti Kalliala et al., *Solution 239–246 Finland: The Welfare Game* (Sternberg Press, 2011); Matti Kuusi et al., eds, *Finnish Folk Poetry – Epic: An Anthology in Finnish and English* (Finnish Literature Society, 1977); Joseph Masco, *The Nuclear Borderlands: The Manhattan Project in Post-Cold War New Mexico* (Princeton University Press, 2006); Andrew Moisey, 'Considering the Desire to Mark Our Buried Nuclear Waste: Into Eternity and the Waste Isolation Pilot Plant', *Qui Parle* 20, no. 2 (2012); 'The Nuclear Fuel Cycle', http://www.world-nuclear.org; Mark Pagel et al., 'Ultraconserved Words Point to Deep Language Ancestry Across Europe', *PNAS* 110, no. 21 (2013); *Permanent Markers Implementation Plan* (United States Department of Energy, 2004); Posiva, *Biosphere Assessment Report* (2009); Posiva, *Safety Case for the Disposal of Spent Nuclear Fuel at Onkalo – Complementary Considerations* (December 2012); Thomas Sebeok, *Communication Measures to Bridge Ten Millennia* (Office of Nuclear Waste Isolation, 1984); Sophocles, *Three Theban Plays*, trans. Robert Fagles (Penguin, 1984); Kathleen M. Trauth et al., *Expert Judgement on Markers to Deter Inadvertent Human Intrusion into the Waste Isolation Pilot Plant* (Sandia National Laboratories, 1993); Peter C. Van Wyck, *Signs of Danger: Waste, Trauma and Nuclear Threat* (University of Minnesota Press, 2005); Mark Willacy, 'A Poison in Our Island', ABC News, 26 November 2017, https://www.abc.net.au/news/2017-11-27/the-dome-runit-island-nuclear-test-leaking-due-to-climate-change/9161442; Alexis Wright, *Carpentaria* (Constable, 2006); Tom Zoellner, *Uranium: War, Energy, and the Rock That Shaped the World* (Viking, 2009).

CHAPTER 07　不应空虚之处

Stacy Alaimo, 'Jellyfish Science, Jellyfish Aesthetics', in *Thinking with Water*, ed. Celia Chen et al. (McGill-Queens University Press, 2013); Baltic Marine Environment Protection Commission, *The State of the Baltic Sea* (2017); Lucas Brotz et al., 'Increasing Jellyfish Populations: Trends in Large Marine Ecosystems', *Hydrobiologia* 690, no. 1 (2012); J. W. Bull and M. Maron, 'How Humans Drive Speciation as Well as Extinction', *Proceedings of the Royal Society B* 283 (2016); Donald E. Canfield et al., 'The Evolution and Future of Earth's Nitrogen Cycle', *Science* 330, no. 6001 (2010); Robert Diaz and Rutger Rosenberg, 'Spreading Dead

Zones and Consequences for Marine Ecosystems', *Science* 321, no. 5891 (2008); Annie Dillard, *Teaching a Stone to Talk* (Canongate, 2017); T. S. Eliot, *Complete Poems: 1909–1962* (Faber, 2009); James J. Elser, 'A World Awash with Nitrogen', *Science* 334, no. 6062 (2011); Mark Fisher, *The Weird and the Eerie* (Repeater, 2016); Tim Flannery, 'They're Taking Over!', *New York Review of Books*, 26 September 2013; Shigehisa Furuya, 'World Worries as Jellyfish Swarms Swell', *Nikkei Asian Review*, 5 February 2015; Lisa-ann Gershwin, *Stung! On Jellyfish Blooms and the Future of the Ocean* (University of Chicago Press, 2013); Ernst Haeckel, *Art Forms in Nature* (Prestel, 1998); Lila M. Harper, '"The Starfish That Burns": Gendering the Jellyfish', in *Forces of Nature*, ed. Bernadette H. Hyner and Precious McKenzie Stearns (Cambridge Scholars, 2009); Intergovernmental Science-Policy Platform on Biodiversity and Ecosystem Services, *The Global Assessment Report on Biodiversity and Ecosystem Services*, E. S. Brondizio, ed. J. Settele, S. Díaz, and H. T. Ngo (IPBES Secretariat, 2019); Michael L. McKinney, 'How Do Rare Species Avoid Extinction? A Paleontological View', in *The Biology of Rarity*, ed. William E. Kumin and Kevin J. Gastin (Springer, 1997); Daniel Pauly, 'Anecdotes and the Shifting Baseline Syndrome of Fisheries', *Tree* 10 (1995); Jennifer E. Purcell, 'Jellyfish and Ctenophore Blooms Coincide with Human Proliferations and Environmental Perturbations', *Annual Review of Marine Science* 4 (2012); Robert J. Richards, *The Tragic Sense of Life: Ernst Haeckel and the Struggle Over Evolutionary Thought* (University of Chicago Press, 2006); Anthony J. Richardson et al., 'The Jellyfish Joyride: Causes, Consequences and Management Responses to a More Gelatinous Future', *Trends in Ecology and Evolution* 24, no. 6 (2009); Mark Schrope, 'Marine Ecology: Attack of the Blobs', *Nature* 482 (1 February 2012); Vaclav Smil, *The Earth's Biosphere* (MIT Press, 2002); Jean Sprackland, *Hard Water* (Jonathan Cape, 2003); Jens-Christian Svenning, 'Future Megaphones: A Historical Perspective on the Potential for a Wilder Anthropocene', *Arts of Living on a Damaged Planet*, ed. Anna Lowenhaupt Tsing et al. (University of Minnesota Press, 2017); Tomas Tranströmer, *New Collected Poems*, trans. Robin Fulton (Bloodaxe, 1997); John Vidal, 'UN Environment Programme: 200 Species Extinct Every Day', *HuffPost*, 18 August 2010, https://www.huffpost.com/entry/un-environment-programme_n_684562; Mary Wollstonecraft, *A Short Residence in Sweden, Norway, and Denmark* (Penguin, 1987); Virginia Woolf, *The Diary of Virginia Woolf*, ed. Anne Olivier Bell, vol. 3, *1925–1930* (Hogarth Press, 1980);

Virginia Woolf, *Selected Essays* (Oxford University Press, 2009); Virginia Woolf, *The Waves* (Vintage, 2004).

CHAPTER 08 小上帝

W. H. Auden, *Selected Poems* (Faber, 1979); Martin Blaser, *Missing Microbes* (One World, 2014); Christian Bök, 'The Xenotext Works', 2 April 2011, https://www.poetryfoundation.org/harriet/2011/04/the -xenotext-works; Douglas Ian Campbell and Patrick Michael Whittle, *Resurrecting Extinct Species* (Palgrave, 2017); P. J. Capelotti, 'Mobile Artefacts in the Solar System and Beyond', in *Archaeology and Heritage of the Human Movement into Space*, ed. Beth Laura O'Leary and P. J. Capelotti (Springer, 2015); Denise Chow, 'On the Moon, Flags and Footprints of Apollo Astronauts Won't Last Forever', Space.com, 6 September 2011, https://www.space.com/12846-apollo-moon-landing-sites-flags -footprints.html; Gary Cook et al., *Clicking Clean 2017* (Greenpeace, 2016); Sarah Craske, http://www.sarahcraske.co.uk; Jason Daley, 'In a First, Archival-Quality Performances Are Preserved in DNA', *Smithsonian*, 2 October 2017, https://www.smithsonianmag.com/smart-news /two-rare-music-performances-archived-dna-180965088/; Anna Davison, 'The Most Extreme Life-Forms in the Universe', *New Scientist*, 26 June 2008; Deep Carbon Observatory, 'Life in Deep Earth Totals 15 to 23 Billion Tonnes of Carbon – Hundreds of Times More Than Humans', 10 December 2018, https://deepcarbon.net/life-deep-earth-totals-15-23 -billion-tonnes-carbon; Philip K. Dick, *The Preserving Machine and Other Stories* (Pan, 1972); James J. Elser, 'A World Awash with Nitrogen', *Science* 334, no. 6062 (2011); Andy Extance, 'How DNA Could Store All the World's Data', *Nature* 537, no. 7618 (2016); J. R. Ford et al., 'An Assessment of Lithostratigraphy for Anthropogenic Deposits', in *A Stratigraphic Basis for the Anthropocene*, ed. Colin Waters et al. (Geological Society of London, 2014); Michael Gillings, 'Evolutionary Consequences of Antibiotic Use for the Resistome, Mobilome, and Microbial Pangenome', *Frontiers in Microbiology* 4, no. 4 (2013); Michael Gillings, 'Lateral Gene Transfer, Bacterial Genome Evolution, and the Anthropocene', *Annals of the New York Academy of Sciences* 1389, no. 1 (2017); Michael Gillings and Ian Paulson, 'Microbiology of the Anthropocene', *Anthropocene* 5 (2014); Michael Gillings and H. W. Stokes, 'Are Humans Increasing Bacterial Evolvability?', *Trends in Ecology and Evolution* 27, no. 6 (2012); Michael

Gillings et al., 'Ecology and Evolution of the Human Microbiota', *Genes* 6, no. 3 (2015); Michael Gillings et al., 'Using the Class 1 Integron-Integrase Gene as a Proxy for Anthropogenic Pollution', *ISME Journal* 9, no. 6 (2015); Alice Gorman, 'The Anthropocene in the Solar System', *Journal of Contemporary Archaeology* 1, no. 1 (2014); Alice Gorman, 'Culture on the Moon: Bodies in Time and Space', *Archaeologies* 12, no. 1 (2016); Clive Hamilton, 'The Theodicy of the "Good Anthropocene",' *Environmental Humanities* 7, no. 1 (2016); Robert M. Hazen et al., 'On the Mineralogy of the Anthropocene Epoch' *American Mineralogist* 102 (2017); Douglas Heaven, 'Video Stored in Live Bacterial Genome Using CRISPR Gene Editing', *New Scientist*, 12 July 2017; Myra J. Hird, 'Coevolution, Symbiosis and Sociology', *Ecological Economics* 69, no. 4 (2010); Myra J. Hird, *The Origins of Sociable Life* (Palgrave, 2009); Heinrich Holland, 'The Oxygenation of the Atmosphere and Oceans', *Philosophical Transactions of the Royal Society B* 361, no. 1470 (2006); Rowan Hooper, 'Tough Bug Reveals Key to Radiation Resistance', *New Scientist*, 25 March 2007; Gerda Horneck et al., 'Space Microbiology', *Microbiology and Molecular Biology Reviews* 74, no. 1 (2010); A. A. Imshenetsky et al., 'Upper Boundary of the Biosphere', *Applied and Environmental Microbiology* 35, no. 1 (1978); Carole Lartigue et al., 'Genome Transplantation in Bacteria: Changing One Species to Another', *Science* 317, no. 5838 (2007); Jeff Long, 'Scientists Rouse Bacterium from 250-Million-Year Slumber', *Chicago Tribune*, 19 October 2000; C. Magnabosco et al., 'The Biomass and Biodiversity of the Continental Subsurface', *Nature Geoscience* 11 (2018); Lynn Margulis, *Symbiotic Planet* (Basic Books, 1998); Lynn Margulis and Dorian Sagan, *Microcosmos* (University of California Press, 1997); Mary J. Marples, 'Life on the Human Skin', *Scientific American*, 1 January 1969; Beth Laura O'Leary, '"To Boldly Go Where No Man [*sic*] Has Gone Before": Approaches in Space Archaeology and Heritage', in *Archaeology and Heritage of the Human Movement into Space*, ed. Beth Laura O'Leary and P. J. Capelotti (Springer, 2015); Ovid, *Metamorphoses*, trans. Mary Innes (Penguin, 1955); Elizabeth Pennisi, 'Synthetic Genome Brings New Life to Bacterium', *Science* 328, no. 5981 (2010); Joseph N. Pleton, *Space Debris and Other Threats from Outer Space* (Springer, 2013); Oliver Plümper et al., 'Subduction Zone Forearc Serpentinites as Incubators for Deep Microbial Life', *PNAS* 114 (2017); David Reinsel et al., *Data Age 2025* (International Data Corporation, 2018); Ben C. Scheel et al., 'Amphibian Fungal Panzootic Causes Catastrophic and Ongoing Loss of Biodiversity', *Science* 363, no. 6434 (2019); Vaclav Smil, *The Earth's Biosphere* (MIT Press, 2002); Laura Snyder, *Eye of the Beholder* (Head of Zeus, 2015); '250 Million Year Old Bacterial Spore Comes Back to Life', Bioprocess Online, 20 October 2000, https://www.bioprocessonline. com/doc/250-million-year-old-bacterial-spore-comes-ba-0001; Nikea Ulrich et al., 'Experimental Studies Addressing the Longevity of *Bacillus subtilis* Spores – the First Data from a 500-Year Experiment', *PLoS One* 13, no. 12 (2018); Peter C. Van Wyck, *Signs of Danger: Waste, Trauma and Nuclear Threat* (University of Minnesota Press, 2005); Milton Wainwright, *Miracle Cure* (Basil Blackwell, 1990); William Whitman et al., 'Prokaryotes: The Unseen Majority', *PNAS* 95, no. 12 (1998); Pak Chung Wong et al., 'Organic Data Memory Using the DNA Approach', *Communications of the ACM* 46, no. 1 (2003); Shoshuke Yoshida et al. 'A Bacterium That Degrades and Assimilates Poly(ethylene terephthalate)', *Science* 351, no. 6278 (2016); Jan Zalasiewicz, 'The Extraordinary Strata of the Anthropocene', *Environmental Humanities*, ed. Serpil Oppermann and Serenella Iorvino (Rowman and Littlefield, 2017); Jan Zalasiewicz et al., 'The Mineral Signature of the Anthropocene in Its Deep-Time Context', in *A Stratigraphic Basis for the Anthropocene*, ed. Colin Waters et al. (Geological Society of London, 2014); Jan Zalasiewicz et al., 'The Technofossil Record of Humans', *Anthropocene Review* 1, no. 1 (2014); Eric Zettler et al., 'Life in the "Plastisphere": Microbial Communities on Plastic Marine Debris', *Environmental Science and Technology* 47, no. 13 (2013); Yong-Guan Zhu et al., 'Microbial Mass Movements', *Science* 357, no. 6356 (2017); Sergey A. Zimov, 'Pleistocene Park: Return of the Mammoth's Ecosystem', *Science* 308, no. 5723 (2005); Sergey A. Zimov et al., 'Permafrost and the Global Carbon Budget', *Science* 312 (2006).

尾声　望见新时代

Italo Calvino, *Collection of Sand*, trans. Martin McLaughlin (Penguin, 2013); Patricia L. Corcoran et al., 'An Anthropogenic Marker Horizon in the Future Rock Record', *GSA Today* 24, no. 6 (2014); Paul Valéry, *Eupalinos, or The Architect*, trans. William McCausland Stewart (Oxford University Press, 1932).

致　谢

本书中留下了许许多多善意帮助的痕迹。

在寻找未来化石的过程中，无论我走到哪里，都得到了最好客的招待与引导，非常感谢这些人：艾莉森·谢里丹；埃莉·利恩、安德鲁·莫伊和梅瑞迪斯·内申；乔迪·韦伯斯特、玛达薇·帕特森和贝琳达·达克尼；帕西·拓马（Pasi Tuoma）和安妮·孔图拉；克里斯蒂娜·弗雷登戈恩（Christina Fredengren）和莱娜·考茨基；克里斯汀·汉森（Christine Hansen）、谢斯廷·约翰内松和马提亚·奥布斯特；迈克尔·吉林斯和萨莎·特图；还有克里斯蒂安·博克。多亏了他们的慷慨，我才能写出这本薄薄的小书。文森特·雅伦迪（Vincent Ialenti）对我讲述了地底450米处的生命，扬·扎拉斯维奇帮助我想象100万岁的塑料会变成什么样子。

我脑海中这个未来化石的故事，始于我和家人在利弗休姆信托基金（Leverhulme Trust）资助下于澳大利亚度过的3个月。我在撰写本书时拜访了这片土地的原住民，意识到他们在我们之前存续的生命，对他们与自己所守护的土地与水源一直保持着紧密的联系而心生敬佩：伊奥拉民族（Eora Nation）里的卡地哥族（Gadigal）、库库雅拉尼族（Kuku Yalanji）和米结赫米族。感谢托姆·范·多伦（Thom van Dooren）帮我拿到了新南威尔士大学的研究员职位，感谢伊恩·麦卡考门、埃斯特莱达·内玛妮斯（Astrida Neimanis）和他们家人在悉尼对我们的热情招待。同样，我也感谢朱利安·巴里（Julian Barry）让我们开着他的车游览北领地，感谢爱丁堡大学的雅内特·布莱克（Janet Black）、维奇·金凯德（Vicki Kincaid）和劳拉·汤姆林森（Laura Tomlinson）全程的后勤支持。

我很幸运，得到许多人雪中送炭式的鼓励。谢谢艾莎·奥蒂吉海利（Esa Aldegheri）、瑞贝卡·奥特曼（Rebecca Altman）、詹姆斯·布莱迪（James Bradley）、西蒙·库克（Simon Cooke）、蒂姆·迪（Tim Dee）、彼得·杜华德（Peter Dorward），我的父母琳恩（Lynn）和伊恩（Ian），还有汤姆·柯灵贝克（Tom Killingbeck）、罗伯特·麦克法兰（Robert Macfarlane）、麦克斯·波特（Max Porter）和凯特·里格比（Kate Rigby）的鼓励与热情。我有幸结交了两个优秀的朋友，加文·弗朗西斯（Gavin Francis）和本·怀特（Ben White），他们对我的初稿提出了宝贵的意见，并帮我认识到如何将其改进成更好的作品。我尤其要感谢爱丁堡大学"深时"阅读小组的朋友们：米歇尔·巴斯提安（Michelle Bastian）、艾米莉·布拉迪（Emily Brady）、富兰克林·金（Franklin Ginn）、杰瑞米·凯德威尔（Jeremy Kidwell）和安德鲁·帕特里乔（Andrew Patrizio）。本书中讲述的许多故事都是从我们的谈话中生发出来的。

我有幸获得了英国皇家文学学会 2017 年度的加尔斯圣奥宾斯奖，这令我大受鼓舞，我也万分感谢英国皇家文学学会的所有人以及所有奖项的评委对我的支持。

对所有给我机会，让我讲一个令我心潮澎湃的故事的人，我都欠你们一个人情：感谢 Aeon 平台的莎莉·戴维斯（Sally Davies），她是最先鼓励我写"深时"主题的人，感谢莱蒂斯·富兰克林，她对本书拥有极大的信心。我很幸运能和第四级（Fourth Estate）的乔伊·帕戈纳门第（Zoë Pagnamenta）和尼古拉斯·皮尔森（Nicholas Pearson），以及法拉、施特劳斯和吉鲁出版社（Farrar, Straus and Giroux）的埃里克·钦斯基（Eric Chinski）和茱莉亚·林果（Julia Ringo）共事。他们是我所能想象的最优秀、最投入的编辑团队，他们对我交出的这些奇怪故事报以敏锐的触觉和强烈的信念，令我受益良多。

我出众的经纪人卡丽·普利特（Carrie Plitt）自始至终都是我的向导与朋友，她让我意识到我确实有故事可以述说。谢谢你，卡丽。

给瑞秋，在我所遇见的所有人里，没有人更令我钦佩，我对你的亏欠语言无法尽数。

献给艾萨克和安妮，这本书为你们的未来而写。

图书在版编目 (CIP) 数据

人类世的遗产：寻找我们留给未来的足迹化石 /
(英) 大卫·法里尔 (David Farrier) 著；符夏怡译
. -- 北京：社会科学文献出版社，2022.3
书名原文: FOOTPRINTS: IN SEARCH OF FUTURE
FOOTSILS
ISBN 978-7-5201-9249-1

Ⅰ.①人…　Ⅱ.①大…②符…　Ⅲ.①环境保护－研
究　Ⅳ.①X

中国版本图书馆CIP数据核字（2021）第227890号

人类世的遗产：寻找我们留给未来的足迹化石

著　　者 / 〔英〕大卫·法里尔（David Farrier）
译　　者 / 符夏怡

出 版 人 / 王利民
责任编辑 / 王　雪　杨　轩
文稿编辑 / 公靖靖
责任印制 / 王京美

出　　版 / 社会科学文献出版社（010）59367069
　　　　　　地址：北京市北三环中路甲29号院华龙大厦　邮编：100029
　　　　　　网址：www.ssap.com.cn
发　　行 / 社会科学文献出版社（010）59367028
印　　装 / 北京盛通印刷股份有限公司

规　　格 / 开　本：880mm×1230mm 1/32
　　　　　　印　张：9.75　字　数：176千字
版　　次 / 2022年3月第1版　2022年3月第1次印刷
书　　号 / ISBN 978-7-5201-9249-1
著作权合同 / 图字01-2020-5305号
登 记 号
定　　价 / 79.00元

读者服务电话：4008918866